Baljit Singh

Hidrogéis à base de polissacáridos como dispositivos de administração de medicamentos no TGI

Baljit Singh

Hidrogéis à base de polissacáridos como dispositivos de administração de medicamentos no TGI

ScienciaScripts

Imprint
Any brand names and product names mentioned in this book are subject to trademark, brand or patent protection and are trademarks or registered trademarks of their respective holders. The use of brand names, product names, common names, trade names, product descriptions etc. even without a particular marking in this work is in no way to be construed to mean that such names may be regarded as unrestricted in respect of trademark and brand protection legislation and could thus be used by anyone.

Cover image: www.ingimage.com

This book is a translation from the original published under ISBN 978-3-659-90332-8.

Publisher:
Sciencia Scripts
is a trademark of
Dodo Books Indian Ocean Ltd. and OmniScriptum S.R.L publishing group

120 High Road, East Finchley, London, N2 9ED, United Kingdom
Str. Armeneasca 28/1, office 1, Chisinau MD-2012, Republic of Moldova, Europe
Managing Directors: Ieva Konstantinova, Victoria Ursu
info@omniscriptum.com

Printed at: see last page
ISBN: 978-620-8-62557-3

Índice :

Capítulo 1: Introdução

Para os novos candidatos a medicamentos, é necessário desenvolver formas de dosagem ou sistemas de administração adequados que permitam uma aplicação eficaz, segura e fiável destes medicamentos no doente. Quando os fármacos são administrados, apenas uma pequena fração da dose atinge efetivamente os receptores ou os locais de ação em causa, e a maior parte da dose é desperdiçada, quer porque é absorvida pelo tecido errado, quer porque é eliminada demasiado rapidamente do local de ação, quer porque é destruída antes de atingir o local do recetor. Os cientistas envolvidos na administração de medicamentos procuram resolver estes problemas de forma a maximizar a atividade do medicamento e minimizar os efeitos secundários. A melhoria da terapia medicamentosa é, por conseguinte, o resultado não só da conceção de novas moléculas de fármacos, mas também do desenvolvimento de sistemas adequados de administração de fármacos (DDS). Um sistema de distribuição ótimo garante que o fármaco ativo esteja disponível no local de ação, numa concentração adequada, durante um período suficientemente longo. A concentração do fármaco no local de ação deve ser superior à concentração mínima eficaz e inferior à concentração mínima tóxica. Em termos gerais, a ciência da administração de fármacos pode ser descrita como a aplicação de princípios químicos e biológicos para controlar a localização temporal e espacial *in vivo* de moléculas de fármacos para benefício clínico.

1 Sistemas convencionais de administração de medicamentos

Os sistemas convencionais de administração de fármacos não fornecem perfis farmacocinéticos ideais, particularmente para fármacos com elevada toxicidade e janelas terapêuticas estreitas. Para estes fármacos, o perfil farmacocinético ideal é aquele em que a concentração do fármaco atinge níveis terapêuticos sem exceder a dose máxima tolerável e mantém a sua concentração por um período prolongado até que o efeito terapêutico desejado seja alcançado (Figura 1). Num cenário ideal, este perfil pode ser alcançado utilizando a matriz polimérica como um dispositivo de administração de fármacos que liberta o fármaco de forma controlada e sustentada para manter o nível terapêutico.

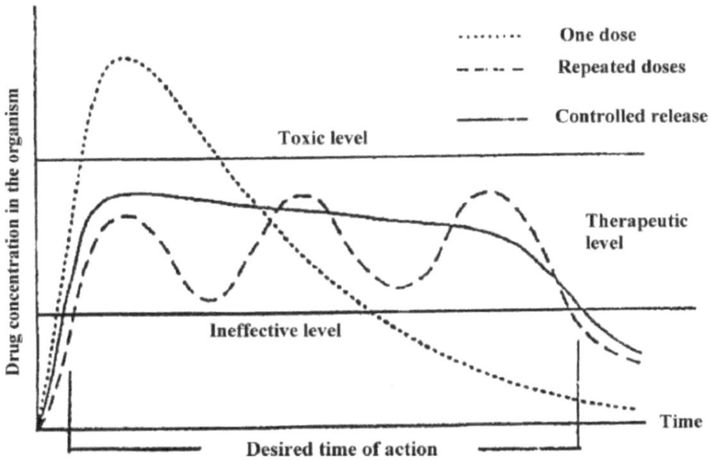

Figura 1: Representação gráfica da concentração do fármaco versus tempo para diferentes métodos de libertação.

2 Sistemas de administração controlada de medicamentos

Os polímeros têm-se tornado cada vez mais importantes na indústria farmacêutica, quer como encapsulamento de fármacos, quer como veículos de administração de fármacos, protegendo um agente ativo à medida que este atravessa o corpo. Os dispositivos à base de polímeros são eficazes para melhorar a especificidade do alvo do medicamento, reduzir a toxicidade sistémica do medicamento, melhorar as taxas de absorção do tratamento e proteger os produtos farmacêuticos da degradação bioquímica. Foram propostos vários dispositivos de administração de fármacos e transportadores à base de polímeros para uma terapia eficaz. Entre todos estes dispositivos de administração de fármacos (Figura 2), os hidrogéis especificamente baseados em polissacáridos têm atraído uma atenção considerável como excelentes candidatos para a libertação controlada de agentes terapêuticos. O sistema de libertação controlada de fármacos pode ser utilizado para obter uma concentração constante e sustentada de compostos terapeuticamente activos no sangue, com flutuações mínimas e a eliminação de efeitos secundários. De um modo geral, a utilização de formas de dosagem controlada pode modificar a farmacocinética e a farmacodinâmica de substâncias farmacologicamente activas, reduzir a toxicidade, controlar a taxa e o local de libertação de um fármaco de ação local e proporcionar uma administração mais previsível do medicamento.

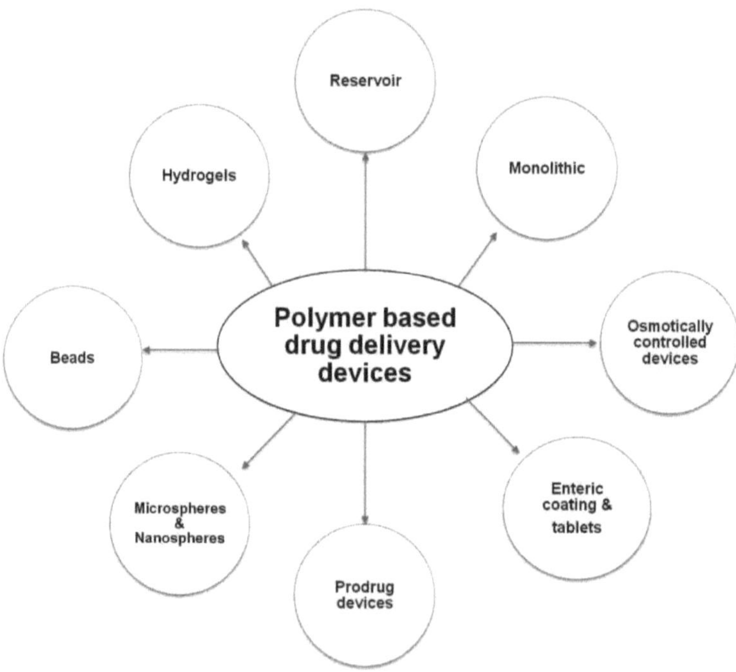

Figura 2: Dispositivos de administração de medicamentos à base de polímeros

A fim de melhorar ainda mais o desempenho dos sistemas de administração controlada de medicamentos, os polímeros bioadesivos são utilizados como plataformas para a administração de medicamentos e são geralmente conhecidos como sistemas/dispositivos de administração controlada de medicamentos bioadesivos. O principal objetivo da administração controlada de fármacos por bioadesão é localizar um dispositivo de administração no corpo para melhorar o processo de absorção do fármaco de uma forma específica. Os sistemas bioadesivos de administração de medicamentos oferecem uma nova abordagem para o tratamento de certas doenças locais e sistémicas. O aumento da duração da ação do fármaco e a otimização da sua administração são apenas alguns dos benefícios que os sistemas bioadesivos podem oferecer ( ). Estes sistemas têm sido utilizados para a administração de fármacos por via gastrointestinal, bucal, nasal, vaginal, rectal e ocular e são frequentemente fabricados a partir de polímeros bioadesivos. O hidrogel parece ser um material adequado para a conceção destes sistemas de administração de medicamentos devido à sua mucoadesividade, propriedade de libertação sustentada, boa sensação na boca e segurança.

3 Hidrogéis

Os hidrogéis são uma classe de polímeros reticulados que, devido à sua natureza hidrofílica, podem absorver grandes quantidades de água. Estes materiais oferecem uma estabilidade física, química e mecânica moderada a elevada no estado inchado. A estrutura de um hidrogel pode ser concebida para uma aplicação específica, selecionando materiais de base e técnicas de processamento adequados. Uma vez que a capacidade de intumescimento em equilíbrio de um hidrogel é um equilíbrio entre as forças de intumescimento e elásticas, é possível conceber hidrogéis com diferentes capacidades de intumescimento, modulando a contribuição das forças individuais. Alguns hidrogéis respondem a mudanças nos factores ambientais alterando o seu comportamento de inchamento. Os hidrogéis podem inchar rapidamente, absorvendo grandes quantidades de água, ou esvaziar em resposta a alterações no seu ambiente externo. As transições de fase de volume em resposta a diferentes estímulos tornam estes materiais objectos interessantes de observação científica e materiais úteis para sistemas de administração de medicamentos. Estas alterações podem ser induzidas por estímulos externos, tais como alterações do pH, da temperatura, da força iónica e da electroestimulação do ambiente externo.

4 Síntese de hidrogéis

Por definição, um hidrogel é uma rede de polímeros reticulados com propriedades hidrofílicas. Embora os hidrogéis sejam geralmente preparados a partir de monómeros hidrofílicos, os monómeros hidrofóbicos são por vezes utilizados na preparação de hidrogéis para regular as propriedades de aplicações específicas. Em geral, as três partes integrantes da síntese de hidrogéis são o monómero, o iniciador e o reticulador. Para controlar o calor da polimerização e as propriedades finais dos hidrogéis, podem ser utilizados diluentes, como a água ou outras soluções aquosas. Após a síntese, a massa de hidrogel deve ser lavada para remover as impurezas do processo de síntese. Estas incluem monómeros que não reagiram, iniciadores, reticuladores e subprodutos indesejados de reacções secundárias. As propriedades dos hidrogéis podem ser moduladas através da variação dos factores de síntese, como o recipiente de reação, o tempo de reação, a temperatura de reação, o tipo de monómero, o tipo de reticulante, a relação reticulante/monómero, a concentração de monómero e o tipo e quantidade de iniciador.

Os hidrogéis sintéticos são geralmente produzidos por técnicas de

dispersão em massa, em solução e inversa. Enquanto as duas primeiras reacções são homogéneas, o método de dispersão inversa é realizado em fases dispersas e contínuas. Das polimerizações homogéneas, a reação em solução é preferida devido ao melhor controlo do calor de polimerização e, por conseguinte, das propriedades do polímero. A maioria dos hidrogéis de elevada capacidade de inchamento são produzidos desta forma. Em geral, o(s) monómero(s), iniciador(es) e reticulador(es) são livremente solúveis em água ou têm boa solubilidade em água. O produto desta reação pode ser seco e pulverizado para várias aplicações. Em geral, a polimerização em massa é a técnica mais simples, envolvendo apenas o monómero e os iniciadores solúveis no monómero. A velocidade e o grau de polimerização são elevados devido à elevada concentração de monómero no sistema de reação. Produz um polímero de elevado peso molecular e de grande pureza. Nas reacções de copolimerização/ligação cruzada em solução, os monómeros iónicos ou neutros são misturados com 7
um agente reticulante multifuncional. A polimerização é iniciada por irradiação térmica ou UV, por um sistema iniciador redox ou por outros métodos. O gel preparado deve ser lavado com água destilada para remover monómeros, oligómeros, agente reticulante, iniciador, polímeros solúveis e extraíveis e outras impurezas que não tenham reagido. Na polimerização em suspensão, a solução de monómero é dispersa no não-solvente, formando gotículas finas de monómero, que são estabilizadas pela adição de um estabilizador.

5 Classificação dos hidrogéis

Em geral, os hidrogéis poliméricos podem ser classificados com base na composição dos monómeros, nas cargas presentes nos monómeros, na sua natureza física, na sua resposta a estímulos externos e no tipo de ligação. Com base na composição dos monómeros, os hidrogéis poliméricos são classificados em três categorias: homopoliméricos, copoliméricos e interpenetrantes. O hidrogel homopolimérico é uma rede polimérica derivada de um único monómero e os hidrogéis copoliméricos são constituídos por duas ou mais espécies diferentes de monómeros com pelo menos um componente hidrofílico. Os hidrogéis de copolímero estão dispostos numa configuração aleatória, em bloco, alternada ou enxertada ao longo da cadeia da rede polimérica. Os hidrogéis de rede polimérica interpenetrante (IPN) são uma classe importante de materiais de hidrogel e são definidos como dois componentes de polímeros sintéticos e/ou naturais reticulados independentes contidos numa rede. Um semi-IPN é um IPN em que um componente é um polímero reticulado e o outro é um polímero não reticulado.

Dependendo das cargas presentes nos monómeros, os hidrogéis poliméricos são classificados em duas categorias: hidrogéis não-iónicos e hidrogéis iónicos. Os hidrogéis não-iónicos, frequentemente designados por hidrogéis neutros, são redes homopoliméricas ou copoliméricas sem grupos carregados na sua estrutura. Os hidrogéis iónicos, também conhecidos como polielectrólitos, são preparados a partir de monómeros com cargas iónicas. As cargas podem ser positivas ou negativas, permitindo que os hidrogéis sejam classificados como catiónicos ou aniónicos, respetivamente. Além disso, uma combinação de cargas positivas e negativas resulta em hidrogéis anfolíticos.

As redes de hidrogéis de polímeros são também classificadas como materiais amorfos ou semi-cristalinos com base na sua natureza física e análise estrutural. O termo "amorfo", também conhecido como "não-cristalino", é geralmente atribuído a redes de polímeros isotrópicos opticamente transparentes que contêm cadeias macromoleculares dispostas aleatoriamente. As redes de hidrogéis semi-cristalinos são uma mistura complexa de fases amorfas e cristalinas, contendo regiões densas de cadeias macromoleculares ordenadas (cristalitos). A formação de múltiplas ligações de hidrogénio entre duas macromoléculas solúveis em água pode dar origem a fortes estruturas intermoleculares, que são redes de polímeros tridimensionais fisicamente reticuladas, tais como IPNs e semi-IPNs. As IPN, uma importante classe de materiais de hidrogel, são definidas como dois componentes de polímeros sintéticos e/ou naturais reticulados independentes contidos numa rede. Uma semi-IPN é uma IPN em que um componente é um polímero reticulado e o outro é um polímero não reticulado.

Os hidrogéis também podem ser classificados de acordo com a sua resposta a estímulos externos, como o pH, a temperatura e outros hidrogéis sensíveis a estímulos. Vários estímulos, para além do pH e da temperatura, podem desencadear a libertação de um fármaco de um depósito. Estes incluem estímulos físicos, como a luz, os campos magnéticos, a corrente eléctrica e os ultra-sons, que podem ser aplicados externamente aos sistemas, e estímulos químicos, como espécies iónicas, determinados produtos químicos e compostos biológicos. Em alguns casos, as suas aplicações efectivas podem ser encontradas na engenharia e não nos domínios farmacêuticos. A fim de manter estruturas tridimensionais, as cadeias poliméricas dos hidrogéis são geralmente reticuladas por ligações físicas ou químicas e foram classificadas como hidrogéis reticulados física ou quimicamente. As cadeias poliméricas dos géis físicos são ligadas por ligações não covalentes, como as interações de van der Waals, as interações iónicas, as ligações de hidrogénio ou as interações hidrofóbicas. Nos hidrogéis reticulados quimicamente, as cadeias poliméricas estão ligadas por ligações covalentes, pelo que é difícil modificar a forma destas redes.

6 Sistemas de administração de medicamentos à base de hidrogel

Os avanços na conceção de hidrogéis revolucionaram a forma como os biomateriais são aplicados para satisfazer as necessidades biomédicas. Os hidrogéis são termodinamicamente compatíveis com a água, o que lhes permite inchar em meios aquosos e têm uma vasta gama de aplicações, particularmente nos sectores médico e farmacêutico. Os hidrogéis assemelham-se mais aos tecidos vivos naturais do que qualquer outra classe de biomateriais sintéticos, devido ao seu elevado teor de água e à sua consistência macia, que é semelhante à dos tecidos naturais. Além disso, o elevado teor de água dos materiais também contribui para a sua biocompatibilidade. Como resultado, os hidrogéis podem ser utilizados como lentes de contacto, membranas para biossensores, revestimentos para corações artificiais, materiais para pele artificial, órgãos artificiais, pensos para cicatrização de feridas e dispositivos de administração de medicamentos.

Os dispositivos de administração à base de hidrogel podem ser utilizados para aplicações orais, cerebrais, oculares, auriculares, transdérmicas, subcutâneas, vaginais, gastrointestinais e rectais. Em geral, os sistemas de administração de fármacos em hidrogel podem ser divididos em sistemas monolíticos e sistemas de reservatório. Nos sistemas monolíticos, o fármaco é dissolvido ou suspenso uniformemente no hidrogel. A taxa de libertação dos dispositivos monolíticos não é de ordem zero, mas sim de ordem um ou mista de ordem zero/primeira ordem, devido à concentração decrescente no interior do gel. A taxa de libertação do fármaco diminui com o tempo. A taxa será controlada pela quantidade de fármaco introduzida no gel e pelas propriedades do hidrogel, como a área de superfície e a permeabilidade do fármaco através do polímero. Os sistemas de reservatório têm um núcleo que contém o fármaco rodeado por uma barreira de libertação limitadora da taxa. A taxa de libertação é determinada pelas propriedades do polímero circundante, como a área de superfície, a espessura e a permeabilidade do fármaco através do polímero. A libertação dos dispositivos de reservatório é de ordem zero porque a concentração do fármaco na membrana é constante. Quando o reservatório se esgota, a taxa diminui. A desvantagem dos dispositivos de reservatório é que os dispositivos defeituosos podem libertar grandes quantidades de fármaco no interior do gel, o que pode ser perigoso para o doente.

Recentemente, as actividades de investigação relacionadas com a utilização de polissacáridos naturais para o desenvolvimento de hidrogéis como dispositivos de administração de medicamentos específicos para o cólon ganharam um impulso significativo. O desenvolvimento de um sistema de administração de fármacos baseado em polissacáridos para o cólon é justificado pela presença de uma grande quantidade de polissacáridases no cólon humano, uma vez que este é habitado por um grande número e variedade de bactérias, que segregam numerosas enzimas [1,2]. Ao mesmo tempo, é necessária uma elevada concentração de fármacos intra-colónicos para o tratamento de doenças associadas ao cólon, como o cancro do cólon, a colite ulcerosa, a doença de Crohn, a diverticulite e a amebíase. A administração sistémica de medicamentos no cólon está associada a uma série de efeitos secundários. Por conseguinte, é necessário um sistema de administração dirigida para administrar o fármaco no cólon, que atenue estes efeitos secundários e administre o fármaco diretamente no cólon de forma controlada e sustentada. Foram utilizadas diferentes estratégias para direcionar os fármacos para o cólon [3].

Os dispositivos à base de hidrogel podem ser concebidos para administrar fármacos localmente em locais específicos do trato gastrointestinal (TGI), que é a via mais popular de administração de fármacos devido à facilidade de administração de fármacos para uma terapia compatível e à sua grande área de superfície para absorção sistémica. O tratamento local das patologias do cólon é mais eficaz quando os medicamentos são administrados na área afetada. A modificação de polissacarídeos para desenvolver hidrogéis é uma ferramenta poderosa para controlar a interação do polímero com os fármacos, para melhorar a capacidade de carga, para adaptar o perfil de libertação do fármaco e para melhorar a eficiência de segmentação dos candidatos a fármacos terapêuticos [4,5].

Os hidrogéis são redes de polímeros tridimensionais que incham rapidamente ao absorver grandes quantidades de água ou esvaziam em resposta a alterações no seu ambiente externo. As transições de fase de volume em resposta a diferentes estímulos tornam estes materiais objectos interessantes para observação científica e materiais úteis para sistemas de administração de medicamentos. Estas alterações podem ser induzidas por estímulos externos, como a variação do pH, da temperatura, da força iónica e da electroestimulação do ambiente externo. A sensibilidade do hidrogel ao pH é um fator importante na conceção de polímeros para a libertação controlada de fármacos no intestino delgado. O pH do intestino delgado varia de 1-3 no estômago e aumenta para aproximadamente 7-8 no cólon [6,7]. A sensibilidade dos hidrogéis ao pH deve-se à presença de grupos funcionais fracamente ácidos e/ou básicos no polímero [8,9]. Os hidrogéis à base de polissacáridos têm sido considerados um dos melhores sistemas de administração de fármacos direcionados [1012]. Os hidrogéis também têm um efeito calmante e não irritante nos sistemas biológicos [13,14]. Os hidrogéis preparados a partir de polissacáridos naturais apresentam uma biocompatibilidade adequada e são sensíveis à degradação enzimática [15-18]. Os polissacáridos estão disponíveis a partir de fontes renováveis e são, na maioria dos casos, não tóxicos, biocompatíveis e biodegradáveis. São tradicionalmente utilizados como excipientes farmacêuticos. São utilizados em comprimidos e cápsulas como diluentes, desintegrantes e aglutinantes. Os seus derivados actuam como vectores e agentes protectores de substâncias farmacologicamente activas. É por esta razão que constam de muitas farmacopeias e formulários internacionais [19-24]. A utilização destes polímeros biodegradáveis é muito promissora em termos de administração de fármacos no cólon. Estes polímeros fermentados pela microflora do cólon são considerados materiais geralmente reconhecidos como seguros (GRAS), o que os torna ainda mais atractivos para aplicações farmacêuticas. Consequentemente, nas últimas décadas, investigou-se a utilização de uma série de polissacáridos naturais de diferentes origens, como a pectina, a goma de guar e a inulina de plantas, o quitosano e o sulfato de condroitina de animais e os alginatos de algas, para a administração de fármacos no cólon [25].

7 Conclusões

Foram propostos vários dispositivos de libertação de fármacos e transportadores à base de polímeros para uma terapia eficaz. Entre todos estes dispositivos de administração de fármacos, os hidrogéis especificamente baseados em polissacáridos têm atraído uma atenção considerável como excelentes candidatos para a libertação controlada de agentes terapêuticos. O sistema de libertação controlada de fármacos pode ser utilizado para obter uma concentração constante e sustentada de compostos terapeuticamente activos no sangue com flutuações mínimas e a eliminação de efeitos secundários. De um modo geral, a utilização de formas de dosagem controlada pode modificar a farmacocinética e a farmacodinâmica de substâncias farmacologicamente activas, reduzir a toxicidade, controlar a taxa e o local de libertação de um fármaco de ação local e proporcionar uma administração mais previsível do medicamento.

8 Referências

[1] A.T. Paulino, A.G.B. Pereira, A.R. Fajardo, K. Erickson, M.J. Kipper, E.C. Muniz, L.A. Belfiore, E.B. Tambourgi. Hidrogéis magnéticos baseados em polímeros naturais como potenciais transportadores para entrega remota de medicamentos. Polímeros de Carboidratos 2012, 90, 1216-25.

[2] T.K. Giri, A. Thakur, A. Alexander, Ajazuddin, H. Badwaik, D.K. Tripathi. Hidrogéis de quitosana modificados como sistemas de entrega de medicamentos e engenharia de tecidos, estado atual e aplicações. Ata Pharmaceutica Sinica B 2012, 2, 43949.

[3] R.K. Shukla, A. Tiwari. Aplicações recentes e avanços na administração de medicamentos no cólon. Carbohydrate Polymers 2012, 88, 399-416.

[4] L. Upadhyaya, J. Singh, V. Agarwal, R.P. Tewari. Aplicações biomédicas

de carboximetilquitosanos. Carbohydrate Polymers 2013, 91, 452-66.

[5] S.I. Nishimura, Y. Miura, L. Ren, M. Sato, A. Yamagishi, N. Nishi, S. Tokura, K. Kurita, S. Ishii. Um método eficiente para a síntese de novos polissacáridos anfifílicos através de modificações termo-selectivas e regionais do quitosano. Chemistry Letters 1993, 22, 1623-26.

[6] H. Ogata, N. Aoyagi, N. Kaniwa, A. Ejima, K. Suzuki, T. Ishioka, M. Morishita, K. Ohta, Y. Takagishi, Y. Doi, T.J. Ogura. Desenvolvimento e avaliação de um novo agente de teste peroral GA-test para avaliação da acidez gástrica. Journal of Pharmacobio-dynamics 1984, 7, 656-64.

[7] W.N. Charman, C.J.H. Porter, S. Mithani, J.B. Dressman. Physicochemical and physiological mechanisms for the effects of food on drug absorption, The role of lipids and pH. Journal of Pharmaceutical sciences 1997, 86, 269-82.

[8] R.C. Mundargi, S.A. Patil, T.M. Aminabhavi. Avaliação de comprimidos de matriz de copolímero de goma xantana enxertada com acrilamida para administração controlada oral de medicamentos anti-hipertensivos. Carbohydrate Polymers 2007, 69, 130-41.

[9] R.C. Mundargi, S.A. Patil, S.A. Agnihotri, T.M. Aminabhavi. Desenvolvimento de sistemas de administração de medicamentos no cólon baseados em polissacáridos para o tratamento da amebíase. Drug Development and Industrial Pharmacy 2007, 33, 255-64.

[10] T. Coviello, P. Matricardi, C. Marianecci, F. Alhaique. Hidrogéis de polissacarídeos para formulações de libertação modificada. Journal of Controlled Release 2007, 119, 5-24.

[11] G.R. Bardajee, A. Pourjavadi, R. Soleyman. Novo hidrogel nano-poroso como matriz transportadora para entrega oral de cloridrato de tetraciclina. Colóides e Superfícies A Aspectos Físico-Químicos e de Engenharia 2011, 392, 16-24.

[12] M. Prabaharan, Prospetiva da goma guar e seus derivados como sistemas de entrega controlada de medicamentos. Revista Internacional de

Macromoléculas Biológicas 2011, 49, 117-24.

[13] T.R. Bhardwaj, M. Kanwar, R. Lal, A. Gupta. Gomas naturais e gomas naturais modificadas como transportadores de libertação sustentada. Drug Development and Industrial Pharmacy 2000, 26, 1025-38.

[14] G.K. Jain, D.P. Shah. Avaliação do Hibiscus rosa-sinensis Linn como excipiente em comprimidos de libertação sustentada. Pharm Technol 2008, 32, 62-75.

[15] J. Heller, S.H. Pangburn, K.V. Roskos. Desenvolvimento de revestimentos protectores enzimaticamente degradáveis para utilização em sistemas de administração de fármacos desencadeados, hidrogéis de amido derivado. Biomaterials 1990, 11, 345-50.

[16] K. Park, W.S.W. Shalaby, H. Park. Biodegradable hydrogels for drug delivery. Technomic, Lancaster-Basel 1993, pp. 106-8.

[17] P. Artursson, P. Edman, T. Laakso, I. Sjoholm. Characterization of polyacryl starch microparticles as carriers for proteins and drugs. Journal of Pharmaceutical sciences 1984, 73, 1507-13.

[18] P. Edman, B. Ekman, I. Sjoholm. Imobilização de proteínas em microesferas de poliacrildextrano biodegradável. Journal of Pharmaceutical sciences 1980, 69, 838-42.

[19] USP, USP 30 ed, United States Pharmacopoeia Convention, Inc, Rockville MD, 2007.

[20] S. Klein. Biorelevant dissolution test methods for modified release dosage forms (Métodos de teste de dissolução biorelevantes para formas de dosagem de libertação modificada). Shaker-Verlag, Frankfurt, 2005.

[21] BASF, Pharma Ingredients - Generic drug formulations, BASF, Ludwigshafen, 2001.

[22] G. K. Bolhuis, N.A. Armstrong. Excipientes para compactação direta - uma atualização. Desenvolvimento e tecnologia farmacêutica 2006, 11, 111-24.

[23] A. Wade, P. Weller. Handbook of Pharmaceutical Excipients (Manual de

Excipientes Farmacêuticos). 2ª edição, Pharmaceutical Press, Londres, 1994.

[24] S. Klein, J.B. Dressman. Comparação da libertação de fármaco de formas de dosagem de libertação modificada de metoprolol em tampão único versus um teste de dissolução de gradiente de pH. Tecnologias de dissolução 2006, 13, 6-12.

[25] A. Jain, Y. Gupta, S. K. Jain. Perspectivas de polissacáridos naturais biodegradáveis para a administração de medicamentos específicos no cólon. Journal of Pharmaceutical sciences 2007, 10, 86-128.

Capítulo 2: Modificações de polissacáridos para conceber hidrogéis

As formulações à base de polissacáridos asseguram uma orientação selectiva para o cólon e uma libertação adequada do fármaco no lúmen do cólon [1]. Em geral, os polissacáridos são materiais poliméricos promissores, biodegradáveis, não tóxicos, disponíveis gratuitamente e menos dispendiosos, que têm sido utilizados para desenvolver vários dispositivos de administração de fármacos. No entanto, estes polissacáridos apresentam alguns inconvenientes, como a taxa de hidratação não controlada, o espessamento, a diminuição da viscosidade durante o armazenamento, a contaminação microbiana e, por conseguinte, a modificação/funcionalização/derivatização necessária para ultrapassar estes problemas [2].

1 Enxertos e ligações cruzadas

O enxerto e a ligação cruzada de monómeros vinílicos em polissacáridos são técnicas comuns para modificar e melhorar as propriedades funcionais dos polissacáridos e para os tornar materiais avançados para utilização em aplicações de administração de medicamentos [3-6]. Em geral, as modificações dos polissacáridos são efectuadas para melhorar os atributos positivos e eliminar os defeitos da forma nativa [7]. Enxertos à base de polissacáridos

Os copolímeros de enxerto são principalmente sintetizados por polimerização radicalar sob a influência de diferentes sistemas de iniciação química. Os copolímeros de enxerto são preparados gerando primeiro radicais livres na espinha dorsal do biopolímero e permitindo depois que estes radicais sirvam de macro-iniciadores para o monómero vinílico ou acrílico. Isto possibilita a formação de misturas de polímeros naturais e sintéticos que constituem novos biomateriais [8-11].

A enxertia pode ser efectuada por métodos químicos ou de radiação [12,13]. Foram descritos vários métodos de reticulação química e física utilizados na conceção de hidrogéis [14]. A reticulação química é um método muito versátil para criar hidrogéis com boa estabilidade mecânica. No entanto, os agentes de reticulação utilizados são frequentemente compostos tóxicos, que têm de ser extraídos dos géis antes de poderem ser aplicados. Além disso, os agentes de reticulação podem causar reacções indesejáveis com substâncias bioactivas presentes na matriz do hidrogel. A utilização de géis reticulados fisicamente evita estes efeitos indesejáveis. Nos géis reticulados quimicamente, estão presentes ligações covalentes entre as diferentes cadeias de polímeros. Nos géis reticulados fisicamente, a dissolução é impedida por interações físicas entre as diferentes cadeias de polímeros. Os géis reticulados quimicamente podem ser obtidos por polimerização radical de monómeros na presença de agentes reticulantes. No caso da copolimerização de enxertos de polissacáridos, os radicais livres gerados nas cadeias de polissacáridos formam uma ligação covalente com outra cadeia de polímero em crescimento. Existem vários métodos químicos de reticulação, incluindo a reticulação por polimerização radicalar [15], a reticulação por reação química de grupos complementares [16,17], a reticulação por irradiação de alta energia e a reticulação enzimática [18]. As ligações covalentes entre cadeias poliméricas podem ser estabelecidas pela reação de grupos funcionais (principalmente OH, COOH, NH2) com reatividade complementar, como uma reação amina-ácido carboxílico ou isocianato-OH/NH2, ou pela formação de uma base de Schiff. Por exemplo, os polímeros com grupos hidroxilo, como o álcool polivinílico, podem ser reticulados com glutaraldeído [16] e os polímeros que contêm aminas podem ser reticulados com o mesmo reagente em condições moderadas, resultando na formação de bases de Schiff [17]. Os hidrogéis também podem ser obtidos por polimerização induzida por radiação. A vantagem da formação de hidrogéis por reticulação induzida por radiação é que o processo pode ser efectuado em água em condições moderadas (temperatura ambiente e pH fisiológico). Para além disso, evita-se a utilização de agentes de reticulação (tóxicos). Foram estudados vários métodos para criar géis fisicamente reticulados, incluindo a reticulação por interações iónicas [19], cristalização [20], ligação de hidrogénio [21], interações antigénio-anticorpo [22] e modificações hidrofóbicas/hidrofílicas [23]. O alginato é um exemplo bem conhecido de um polímero que pode ser reticulado por interações iónicas. O alginato é um polissacárido com resíduos de ácido manurónico e glucurónico e pode ser reticulado por iões de cálcio [19]. A permeabilidade do hidrogel pode ser modificada alterando a composição do macrómero.

No método químico, a reação de copolimerização de enxerto é desencadeada por um iniciador químico. Na presença de um reticulador, formam-se redes de polímeros tridimensionais (hidrogéis), que incham rapidamente à medida que absorvem grandes quantidades de água. A formação de redes através de um mecanismo de polimerização radical é fortemente influenciada pela concentração de monómero, reticulante e iniciador durante a polimerização. Estes factores controlam o grau de reticulação durante a formação da rede e afectam a taxa de dilatação dos hidrogéis [24,25]. A presença de solvente durante a polimerização actua como um dissipador de calor e minimiza os problemas de controlo da temperatura. Os hidrogéis preparados devem ser lavados com água destilada para remover os monómeros que não reagiram, o agente reticulante e o iniciador.

[26] . A síntese de hidrogéis superabsorventes foi optimizada através da variação dos parâmetros de reação que afectam a dilatação do produto final. As variações de tempo-temperatura da reação de polimerização na presença e na ausência de ar mostraram que o oxigénio molecular não tinha um efeito notável no comportamento de inchamento do hidrogel [27]. Até um certo limite, o aumento da concentração do monómero no sistema de reação

aumenta a percentagem de enxerto [28].

No método de radiação, a reação de copolimerização de enxerto é desencadeada por radiação gama. A síntese por radiação tem uma série de vantagens em relação aos métodos químicos convencionais. É um processo simples, amigo do ambiente e isento de aditivos, que tem lugar à temperatura ambiente e o grau de reticulação pode ser facilmente controlado alterando as condições de irradiação [29]. Os hidrogéis preparados pelo método de irradiação têm um potencial acrescido para utilização em aplicações biomédicas devido à ausência de aditivos tóxicos extrínsecos (iniciadores químicos, reticuladores, etc.). Outra vantagem deste método é o facto de o produto obtido ser simultaneamente esterilizado [30]. Os copolímeros funcionais obtidos através da modificação de polímeros existentes utilizando a copolimerização de enxerto induzida por radiação são materiais atractivos devido às suas propriedades melhoradas [31]. O polímero superabsorvente à base de glucomanano de konjac e ácido acrílico (AAc) formado pelo método de copolimerização de enxerto induzido por radiação absorveu 625 vezes o seu peso seco quando a dose de radiação foi de 5,0 kGy e a relação monómero/glucomanano de konjac foi de 5. Os catiões, especialmente os catiões multivalentes, reduzem significativamente a capacidade de absorção de água dos polímeros superabsorventes [32]. Os hidrogéis com uma estrutura de rede de polímeros interpenetrantes mostraram que o conteúdo de gel dos hidrogéis muda significativamente com o aumento da proporção de monómeros na solução de alimentação inicial [33].

Os hidrogéis poliméricos têm sido utilizados numa variedade de aplicações biomédicas, incluindo pensos para feridas, lentes de contacto moles, sistemas de administração controlada de medicamentos, implantes artificiais e pele artificial [34-42]. A investigação sobre a utilização da radiação na produção de hidrogéis para aplicações biomédicas tem vindo a aumentar [43,44]. A copolimerização por enxerto por radiação é uma técnica bem estabelecida para a produção de materiais poliméricos que combinam as propriedades químicas e físicas de ambos os polímeros [45,46]. O método de formação de hidrogéis por irradiação é um processo mais limpo que não requer iniciadores químicos ou reticuladores. É um processo de uma etapa em que a formação do gel e a esterilização ocorrem simultaneamente [47-49]. Os pensos de hidrogel foram desenvolvidos utilizando radiação gama [50-52]. Os hidrogéis preparados por reticulação por radiação de soluções aquosas de polivinilpirrolidona foram utilizados como pensos [53]. Para a aplicação de hidrogéis como pensos, estes devem ser resistentes a danos durante o período de cicatrização quando aplicados nos doentes [54].

Durante a reticulação, podem ser obtidas ligações covalentes utilizando agentes de reticulação e o comprimento das pontes de reticulação pode ser ajustado através do enxerto de monómeros em diferentes polissacáridos. Além disso, a introdução de pontes sensíveis a estímulos é outra vantagem deste método [55,56]. O enxerto de monómeros vinílicos em vários polissacáridos naturais, como a celulose [57], a κ-carragenina [58], a goma de caju [59], a goma de guar [60], a mucilagem de tamarindo [61], a goma xantana [62], o amido de mandioca [63], o amido de milho [64] e o quitosano [65], O enxerto de mucilagem de quiabo [66], tragacanto [67], psílio [68] e derivados de hemicelulose [69] melhorou a absorção/distorção, a sensibilidade ao pH, a estabilidade térmica, o comportamento de libertação do fármaco e as propriedades adesivas dos hidrogéis resultantes. O enxerto de carboximetilcelulose foi realizado com monómeros AAc/acrilamida (AAm) para desenvolver hidrogéis superabsorventes, utilizando N,N'-metilenobisacrilamida (NN-MBA) como reticulante e persulfato de potássio como iniciador. Verificou-se que o comportamento de inchamento dos hidrogéis depende das concentrações de monómeros, reticulantes, polissacáridos e iniciadores [70]. Os semi-IPNs de amido e poli(AAm-co-metacrilato de sódio) mostraram que a dilatação dependia do pH e da concentração de sal do meio externo de dilatação [71].

A utilização de vários polissacáridos como parte de uma mistura ou

modificação química pode eliminar as desvantagens associadas à utilização de um único polissacárido [72,73]. Modificação química de
Os polissacáridos dão origem a estruturas poliméricas semi-sintéticas que podem permitir um controlo mais direto sobre a adaptação das propriedades do gel a aplicações específicas. Os hidrogéis formados por modificação química são formados pela interconexão de polímeros solúveis com pequenos compostos reactivos, substituindo as zonas de junção inflexíveis no gel físico iónico por ligações cruzadas discretas e distribuídas, conduzindo a uma rede elástica flexível de peso molecular infinito. Além disso, a modificação com ligantes biodegradáveis ou moléculas funcionais pode ser utilizada para adaptar as propriedades físico-químicas intrínsecas a aplicações que exijam degradação sustentada e libertação controlada, ou propriedades de super-inchaço/superabsorção [74-76].

2 Caracterização de polímeros

Uma vez optimizados os parâmetros de reação, podem ser sintetizados outros polímeros e utilizados para determinar o inchaço, a libertação de fármacos e outras propriedades, como a compatibilidade com o sangue, a resistência do gel e a mucoadesão dos hidrogéis. Os polímeros podem ser caracterizados por micrografia eletrónica de varrimento (SEM), espetroscopia de infravermelhos com transformada de Fourier (FTIR), espetroscopia de ^{13}C-NMR no estado sólido, difração de raios X (XRD), análise termogravimétrica (TGA), análise térmica diferencial (DTA), termogravimetria diferencial (DTG), calorimetria diferencial de varrimento (DSC), estudos de resistência do gel e de inchamento.

3 Mecanismo de inchaço e libertação do fármaco

O inchaço dos hidrogéis pode ser determinado pelo método de equilíbrio de inchaço. O carregamento do fármaco nos hidrogéis pode ser efectuado através do método de equilíbrio de inchamento ou sintetizando o hidrogel na presença do fármaco. O primeiro método é mais eficiente e mantém a eficácia das moléculas do fármaco. A dinâmica de libertação de fármaco *in vitro* pode ser obtida colocando amostras secas e carregadas de fármaco de cada formulação num volume definido de meio de libertação a uma temperatura de 37°C. A quantidade de fármaco libertado pode ser medida. A quantidade de fármaco libertado pode ser medida espectrofotometricamente ou por qualquer outra técnica utilizada para medir a concentração do fármaco. O estudo da libertação do fármaco pode ser efectuado numa solução com diferentes valores de pH. A libertação do fármaco é medida após um intervalo fixo e o perfil de libertação do fármaco pode ser determinado [77,78]. O mecanismo de dilatação e libertação do fármaco foi determinado utilizando a equação [$M_t/M_{''} = kt^n$]. Foram avaliados os valores do expoente de difusão 'n' e vários coeficientes de difusão [79-82], em que $M_t/M_{''}$ é a libertação fraccionada do fármaco no tempo *t,* k é a constante caraterística do sistema fármaco-polímero e 'n' é o expoente de difusão caraterístico do mecanismo de libertação.

O fármaco pode ser libertado da matriz polimérica através de três mecanismos, nomeadamente difusão, degradação e inchaço. A libertação contínua de fármacos da matriz polimérica pode ocorrer quer por difusão do fármaco a partir da matriz polimérica, quer por erosão do polímero (devido à degradação), quer por intumescimento seguido de difusão, quer ainda por uma combinação dos três mecanismos. A difusão do fármaco para fora dos sistemas ocorre quando o hidrogel é colocado num ambiente que lhe permite inchar e aumentar o tamanho da malha [83,84]. No caso dos hidrogéis biodegradáveis, ocorrem dois tipos de processos de degradação nas redes de hidrogéis: erosão superficial e erosão global [85,86]. Na erosão superficial, a taxa de difusão da água na rede é mais lenta do que a taxa da reação de hidrólise, e a água será adsorvida à superfície antes de se difundir para a massa. Por outro lado, quando a taxa de difusão da água na amostra é mais rápida do que a taxa da reação de hidrólise, ocorre a erosão em massa. Os tempos necessários para atingir inchamentos de equilíbrio durante o estudo do mecanismo de absorção de água foram todos inferiores a 20 horas. Uma comparação da taxa de inchamento e da taxa de degradação das amostras de hidrogel indicou que a degradação dos hidrogéis à base de hidroxicelulose é um processo de erosão em massa.

4 Conclusões

De um modo geral, pode concluir-se da discussão acima que existe uma variedade de métodos de reticulação química e física utilizados na conceção de hidrogéis. Os métodos químicos e de irradiação são normalmente utilizados para a síntese de hidrogéis. No entanto, o método de irradiação da formação de hidrogéis é um processo mais limpo que não requer iniciadores químicos ou reticuladores. É um processo de uma só etapa em que a formação do gel e a esterilização ocorrem simultaneamente. Os hidrogéis preparados pelo método de irradiação têm um potencial acrescido para utilização em aplicações biomédicas.

5 Referências

[1] S. L. Kosaraju. Colon targeted delivery systems, review of polysaccharides for encapsulation and delivery. Critical Review in Food science and nutrition 2005, 45, 251-8.

[2] M. George, T.E. AbrahamE. Hidrogel de goma de alginato-guar sensível ao pH para a administração controlada de fármacos proteicos. Revista Internacional de Farmácia 2007, 335, 123-9.

[3] S. Francis, M. Kumar, L. Varshney. Síntese por radiação de hidrogéis superabsorventes de poli(ácido acrílico)-carragenina. Radiation Physics and Chemistry 2004, 69, 481-6.

[4] J. Biswal, V. Kumar, Y.K. Bhardwaj, N.K. Goel, K.A. Dubey, C.V. Chaudhari, S. Sabharwal. Radiation-induced grafting of acryalmide onto guar gum in aqueous medium, Synthesis and characterization of grafted polymer

guar-g-acrylamide. Radiation Physics and Chemistry 2007, 76, 1624-30.

[5] S.E. Haque, A. Sheela. Miscibilidade da mistura de polímeros Eudragit/quitosano em água determinada por medições de propriedades físicas. Jornal Internacional de Farmácia 2013, 441, 648-53.

[6] V.D. Prajapati, G.K. Jani, N.G. Moradiya, N.P. Randeria. Aplicações farmacêuticas de várias gomas naturais, mucilagens e suas formas modificadas. Polímeros de hidratos de carbono 2013, 92, 1685-99.

[7] M. Prabaharan, Prospetiva da goma guar e seus derivados como sistemas de entrega controlada de medicamentos. Jornal Internacional de Macromoléculas Biológicas 2011, 49, 117-24.

[8] A. Sionkowska. Investigação atual sobre as misturas de polímeros naturais e sintéticos como novos biomateriais, Revisão. Progresso na ciência dos polímeros 2011, 36, 1254-76.

[9] S. Srinivasan, R. Jayasree, K.P. Chennazhi, S.V. Nair, R. Jayakumar. Scaffolds compósitos cerâmicos de alginato/nano vidro bioativo biocompatíveis para regeneração de tecidos periodontais. Carbohydrate Polymers 2012, 87, 274-83.

[10] S.S. Prado, J.M. Weaver, B.J. Love. Gelificação de ácido hialurónico fotopolimerizado enxertado com metacrilato de glicidilo. Ciência e Engenharia de Materiais C Material para aplicações biológicas 2011, 31, 1767-71.

[11] Y. Zheng, Y. Xie, A. Wang. Remoção rápida e ampla de amoníaco-nitrogénio independente do pH utilizando um hidrogel composto com redes tridimensionais. Jornal de engenharia química 2012, 179, 90-8.

[12] K. Mostafa, M.S. Morsy. Modificação de polímeros de hidratos de carbono através do enxerto de metacrilonitrilo em amido pré-gelificado utilizando o par redox monopersulfato de potássio/Fe^{+2}. Polymer International 2004, 53, 885-90.

[13] E. Karadag, D. Saraydin, O. Guven. Hidrogéis super adsorventes induzidos por radiação, hidrogéis de acrilamida/ácido itacónico. Macromolecular Materials and Engineering 2001, 286, 34-42.

[14] W.E. Hennink, C.F. van Nostrum. Novos métodos de reticulação para projetar hidrogéis. Revisões avançadas de entrega de medicamentos 2012, 64, 223-36.

[15] Y. Jin, J. Yamanaka, S. Sato, I. Miyata, C. Yomota, M. Yonese. Recyclable characteristics of hyaluronate-polyhydroxyethyl acrylate blend hydrogel for controlled releases, Journal of Controlled Release 2001, 73, 173-181

[16] W.S. Dai, T.A. Barbari. Hydrogel membranes with mesh size asymmetry based on the gradient crosslinking of poly(vinyl alcohol), Journal of Membrane Science. 1999, 156, 67-79.

[17] Y. Tabata, Y. Ikada. Síntese de microesferas de gelatina contendo interferão, Pharmaceutical Research1989, 6, 422-427.

[18] E. Westhaus, P.B. Messersmith. Triggered release of calcium from lipid vesicles, a bioinspired strategy for rapid gelation of polysaccharide and protein hydrogels, Biomaterials 2001, 22, 453-462.

[19] P. Gacesa. Alginatos, Polímeros de hidratos de carbono 1988, 8, 161-182.

[20] F. Yokoyama, I. Masada, K. Shimamura, T. Ikawa, K. Monobe. Morphology and structure of highly elastic poly-(vinyl alcohol) hydrogel prepared by repeated freezing-and-melting, Colloid and Polymer Science. 1986, 264, 595-601.

[21] D. Eagland, N.J. Crowther, C.J. Butler. Complexação entre polioxietileno e ácido polimetacrílico - A importância da massa molar do polietileno, European Polymer Journal 1994, 30, 767-773.

[22] T. Miyata, N. Asami, T. Uragami. Preparação de um hidrogel sensível ao antigénio utilizando ligações antigénio-anticorpo, Macromolecules 1999, 32, 20822084.

[23] K. Akiyoshi, S. Deguchi, H. Tajima, T. Nishikawa, J. Sunamoto. Estrutura microscópica e termoresponsividade de uma nanopartícula de hidrogel por auto-montagem de um polissacarídeo hidrofobizado,

Macromolecules, 1997, 30, 857-861.

[24] R.C. Mundargi, S.A. Patil, T.M. Aminabhavi. Avaliação de comprimidos de matriz de copolímero de goma xantana enxertada com acrilamida para administração controlada oral de medicamentos anti-hipertensivos. Carbohydrate Polymers 2007, 69, 130-41.

[25] L.M. Zhang, G.H. Wang, H.W. Lu, C. Yang, L. Yan. Uma nova classe de hidrogéis à base de amido que incorporam acrilamida e vinilpirrolidona, efeitos das variáveis de reação no comportamento de sorção de água. Journal of bioactive and compatible polymers 2005, 20, 491-501.

[26] R.S. Langer, N.A. Peppas. Aplicações actuais e futuras de biomateriais em sistemas controlados de administração de medicamentos. Biomaterials 1981, 2, 20114.

[27] A. Pourjavadi, A.M. Harzandi, H. Hosseinzadeh. Carragenina modificada 3. Síntese de um novo hidrogel superabsorvente à base de polissacáridos através da copolimerização por enxerto de ácido acrílico em kappa-carragenina ao ar. European Polymer Journal 2004, 40, 1363-70.

[28] M. Huang, X. Shen, Y. Sheng, Y. Fang. Estudo da copolimerização de enxerto de ácido N-maleâmico-quitosano e acrilato de butilo por irradiação de raios gama. Revista Internacional de Macromoléculas Biológicas 2005, 36, 98-102.

[29] A. Safrany, B. Beiler, A. Vincze. Polimerização por radiação e reticulação - uma alternativa viável para a síntese de polímeros funcionais porosos. Física e Química da Radiação 2010, 79, 462-6.

[30] J.M. Rosiak, P. Ulanski, L.A. Pajewski, F. Yoshii, K. Makuuchi. Formação de hidrogéis por radiação para aplicações biomédicas. Algumas observações e comentários. Radiation Physics and Chemistry 1995, 46, 161-8.

[31] M.M. Nasef, O. Guven. Copolímeros enxertados por radiação para fins de separação e purificação, estado, desafios e direcções futuras. Progresso na ciência dos polímeros 2012, 37, 1597-656.

[32] J. Wu, X. Deng, X. Lin. Caraterísticas de inchaço do superabsobente de

glucomanano konjac sintetizado por copolimerização de enxerto induzida por radiação. Radiação Física e Química 2013, 83, 90-7.

[33] H.M.M. Nizam El-Din, A.W.M. El-Naggar. Síntese por radiação de hidrogéis de redes de polímeros interpenetrantes (IPNs) de ácido acrílico / polietilenoimina e sua aplicação como transportador de atorvastatina para controlar o colesterol. Revista Europeia de Polímeros 2012, 48, 1632-40.

[34] N.A. Peppas, J.E. Scott. Libertação controlada de géis de poli(álcool vinílico) preparados por processos de congelação-descongelação. Journal of Controlled Release 1992, 18(2), 95-100.

[35] J.M. Rosiak, P. Ulanski. Síntese de hidrogéis por irradiação de polímeros em solução aquosa. Radiation Physics and Chemistry 1999, 55(2), 139-151.

[36] F. Rosso, A. Barbarisi, M. Barbarisi, O. Petillo, S. Margarucci, A. Calarco, G. Peluso. Novos hidrogéis de polielectrólitos para aplicações biomédicas. Materials Science and Engineering C 2003, 23(3), 371-376.

[37] A. Safrany. Radiation treatment, synthesis and modification of biomaterials for medical use (Tratamento por radiação, síntese e modificação de biomateriais para uso médico). Nuclear Instruments and Methods in PhysicsResearch Section B, Beam Interactions with Materials and Atoms. 1997, 131 (1-4), 376-381.

[38] D. Saraydin, Y. Isikver, E. Karadag, N. Sahiner, O. Guven. Comportamentos de inchaço dinâmico in vitro de poliacrilamida sintetizada por radiação com reticuladores nos fluidos corporais físicos simulados. Nuclear Instrumentsand Methods in Physics Research Section B, Beam Interactions withMaterials and Atoms 2002, 187(3), 340-344.

[39] N.A. Peppas, A.G. Mikos. Métodos de preparação e estrutura de hidrogéis. Hydrogels in medicine and pharmacy. In, Peppas, N.A. (Editor). Fundamentals. CRC Press, Florida, 1986, 1.

[40] S.W. Kim, Y.H. Bae, T. Okano. Hydrogels, swelling, drug loading, and release. Pharmaceutical Research 1992, 9(3), 283-290.

[41] J.M. Rosiak, F. Yoshii. Hydrogels and their medical applications.

NuclearInstruments and Methods in Physics Research Section B, Beam Interactionswith Materials and Atoms 1999, 151(1-4), 56-64.

[42] W.E. Hennink, C.F.V. Nostrum. Novos métodos de reticulação para conceber hidrogéis. Advanced Drug Delivery Reviews 2002, 54(1), 13-36.

[43] E. Jabbari, S. Nozari. Swelling behavior of acrylic acid hydrogels prepared by y-radiation of polyacrylic acid in aqueous solutions. European Polymer Journal 2000, 36, 2685-2692.

[44] A.B. Lugao, S.M. Malmonge. Utilização de radiação na produção de hidrogéis. Nuclear Instruments and Methods in Physics Research Section B,Beam Interactions with Materials and Atoms 2001, 185(1-4), 37-42.

[45] D.K. Singh, A.R. Ray. Radiation-induced grafting of N,N'-dimethylaminoethylmethacrylate onto chitosan films. Journal of Applied Polymer Science 1997, 66(5), 869-877.

[46] L. Yu, Y. He, L. Bin, F. Yue'e. Estudo da copolimerização de enxerto induzida por radiação de acrilato de butilo em quitosano em solução aquosa de ácido acético. Journal of Applied Polymer Science 2003, 90(10), 2855-2860.

[47] X. Yang, K. Yang, S. Wu, X. Chen, F. Yu, J. Li, M. Ma, Z. Zhu. Citotoxicidade e propriedades de cicatrização de feridas de hidrogéis de PVA/ws-quitosano/glicerol fabricados por irradiação seguida de congelação-descongelação. Radiation Physics and Chemistry 2010, 79(5), 606-611.

[48] X. Yang, Z. Zhu, Q. Liu, X. Chen, M. Ma. Efeitos de PVA, conteúdo de ágar e doses de irradiação nas propriedades de hidrogéis de PVA/ws-quitosano/glicerol feitos por irradiação y seguida de congelamento-descongelamento. Radiation Physics and Chemistry 2008, 77(8), 954-960.

[49] X. Yang, Q. Liu, X. Chen, F. Yu, Z. Zhu. Investigação de hidrogéis de quitosano PVA/ws- preparados por irradiação y combinada e congelação-descongelação. Carbohydrate Polymers 2008, 73(3), 401-408.

[50] J.M. Rosiak, P. Ulanski, L.A. Pajewski, F. Yoshii, K. Makuuchi. Formação de hidrogéis por radiação para fins biomédicos. Algumas observações e

comentários. Radiation Physics and Chemistry 1995, 46(2), 161-168.

[51] J. Rosiak, A. Ruciska-Rybus, W. Pakela. Método de fabrico de um penso de hidrogel. Patente dos E.U.A. nº 4, 81490, 1989.

[52] Z. Ajji, I. Othman, J.M. Rosiak. Produção de pensos de hidrogel para feridas utilizando radiação gama. Nuclear Instruments and Methods in PhysicsResearch Section B, Beam Interactions with Materials and Atoms 2005, 229(3-4), 375-380.

[53] J.M. Rosiak. Radiation effects on Polymers, Capítulo 17, ACS Series 475. ACS Washington, DC, 1991, 271.

[54] F. Yoshii, Y. Zhanshan, K. Isobe, K. Shinozaki, K. Makuuchi. Hidrogéis de PEO e PEO/PVA reticulados por feixe de electrões para pensos para feridas. Radiation Physics and Chemistry 1999, 55, 133-138.

[55] V.D. Athawale, S.C. Rathi. Graft polymerization, Starch as a model substrate. Journal of Macromolecular Science Reviews in Macromolecular Chemistry and Physics 1999, C39, 445-80.

[56] R.H.F. Beck, M.G. Fitto, H.R. Kricheldorf. Modificação química de polissacarídeos. In, Kricheldorf HR, Ed. Handbook of polymer synthesis, Part B. Marcel Dekker, Nova Iorque, 1992, Capítulo 25, pp. 1517-78.

[57] A.A.M.A. Nada, M.Y. Alkady, H.M. Fekry. Síntese e caraterização de celulose enxertada para utilização na sorção de água e iões metálicos. BioResources 2007, 3, 46-59.

[58] R. Meena , K. Prasad, G. Mehta, A.K. Siddhanta. Síntese de hidrogel de copolímero de κ-carragenina-grafted-PAAm, avaliação das suas propriedades absorventes e adesivas. Jornal de Ciência dos Polímeros Aplicados 2006, 102, 5144-53.

[59] D.A. da Silva, R.C.M. de Paula, J.P.A. Feitosa. Copolimerização por enxerto de acrilamida em goma de caju. European Polymer Journal 2007, 43, 2620-9.

[60] K.S. Soppimath, A.R. Kulkarni, T.M. Aminabhavi. Microgéis aniónicos rosslinked à base de poliacrilamida-goma de goma quimicamente modificada

como sistemas de administração de fármacos sensíveis ao pH, preparação e caraterização. Journal of Controlled Release 2001, 75, 331-45.

[61] A. Mishra, M. Bajpai. Copolimerização de enxerto de poliacrilamida em mucilagem de tamarindo. Journal of Macromolecular Science A Pure and Applied Chemistry 2006, 43, 315-26.

[62] K. Behari, P.K. Pandy, R. Kumar, K. Taunk. Copolimerização de enxerto de acrilamida em goma xantana. Carbohydrate Polymers 2001, 46, 185-9.

[63] S. Kiatkamjornwong, K. Mongkolsawat, M. Sonsuk. Síntese e caraterização das propriedades do amido de mandioca enxertado em poli[acrilamida-co-(ácido maleico)] superabsorvente por irradiação Y. Polymer 2002, 43, 3915-24.

[64] V.D. Athawale, V. Lele. Estudos térmicos sobre o amido de milho granular e os seus copolímeros de enxerto com monómeros de vinilo. Starch/Starke 2000, 52, 205-13.

[65] G.R. Mahdavinia, A. Pourjavadi, H. Hosseinzadeh, M.J. Zohuriaan. Modified chitosan 4. Superabsorbent hydrogels from poly(acrylic acid-co-acrylamide) grafted chitosan with salt- and pH-responsiveness properties. European Polymer Journal 2004, 40, 1399-1407.

[66] A. Mishra, J.H. Clark, S. Pal. Modificação da mucilagem de quiabo com acrilamida, síntese, caraterização e comportamento de inchaço. Carbohydrate Polymers 2008, 72, 608-15.

[67] Z. Mohamadnia, M.J. Zohuriaan-Mehr, K. Kabiri, M. Razavi-Nouri. Goma de tragacanto-graft-poliacrilonitrilo, síntese, caraterização e hidrólise. Journal of Polymer Research 2008, 15, 173-80.

[68] B. Singh. Psyllium como agente terapêutico e de administração de medicamentos. Jornal Internacional de Farmácia 2007, 334, 1-14.

[69] J.L. Ren, F. Peng, R.C. Sun. Preparação e caraterização de derivados de hemicelulose contendo grupos carbamoil e carboxietil. Carbohydrate Research 2008, 343, 2776-82.

[70] A. Suo, J. Qian, Y. Yao, W. Zhang. Síntese e propriedades da

carboximetilcelulose-poli(ácido acrílico-co-acrilamida) enxertada como um novo superabsorvente à base de celulose. Journal of Applied Polymer Science 2007, 103, 1382-8.

[71] P.S.K. Murthy, Y.M. Mohan, J. Sreeramulu, K.M. Raju. Semi-IPNs de amido e poli(acrilamida-co-metacrilato de sódio), preparação, inchaço e avaliação das caraterísticas de difusão. Reactive and Functional Polymers 2006, 66, 1482-93.

[72] R.K. Shukla, A. Tiwari. Aplicações recentes e avanços na administração de medicamentos no cólon. Carbohydrate Polymers 2012, 88, 399-416.

[73] J. Kopeek. Biomateriais e administração de medicamentos, passado, presente e futuro. Molecular Pharmaceutics 2010, 7, 922-5.

[74] W.E. Hennink, C.F. van Nostrum. Novos métodos de reticulação para conceber hidrogéis. Advanced Drug Delivery Review 2002, 54, 13-36.

[75] K.H. Bouhadir, D.S. Hausman, D.J. Mooney. Síntese de hidrogéis de poli(guluronato de aldeído) reticulados. Polymer 1999, 40, 3575-84.

[76] S.T. Moe, G. Skjakbraek, A. Elgsaeter, O. Smidsrod. Inchaço de géis de alginato covalentemente reticulados, influência de solutos iónicos e solventes não polares. Macromolecules 1993, 26, 3589-97.

[77] B. Singh, V. Sharma. Influência dos parâmetros da rede de polímeros de hidrogéis reactivos ao pH à base de tragacanto na administração de medicamentos. Carbohydrate Polymers 2014, 101, 928-40.

[78] B. Singh, V. Sharma. Estudo de correlação de parâmetros estruturais de polímeros bioadesivos na conceção de um sistema de entrega de medicamentos sintonizável. Langmuir 2014, 30, 8580-8591.

[79] T. Alfrey, E.F. Gurnee, W.G. Lloyd. Diffusion in glassy polymers (Difusão em polímeros vítreos). Journal of Polymer Science C Polymer Symposia 1966, 12, 249-61.

[80] N.A. Peppas, R.W. Korsmeyer. Dynamically swelling hydrogels in controlled release applications (Hidrogéis de dilatação dinâmica em aplicações de libertação controlada). In, Peppas NA, Ed. Hydrogels in

medicines and pharmacy, vol III. Propriedades e aplicações. Boca Raton, CRC Press Inc. 1987, pp. 118-21.

[81] P.L. Ritger, N.A. Peppas. Uma equação simples para a descrição da libertação de soluto I. Libertação fictícia e não fictícia de dispositivos não-inundáveis sob a forma de placas, esferas, cilindros ou discos. Journal of Controlled Release 1987, 5, 23-36.

[82] P.L. Ritger, N.A. Peppas. Uma equação simples para a descrição da libertação de soluto I. Libertação Fickian e não-Fickian de dispositivos expansíveis. Journal of Controlled Release 1987, 5, 37-42.

[83] Y. Huang, H.Yu, C. Xiao. Hidrogéis polielectrólitos de goma guar catiónica/poli (ácido acrílico) sensíveis ao pH, inchaço e libertação de fármacos in vitro. Carbohydrate Polymers 2007, 69, 774-83.

[84] J.H. Ward, N.A. Peppas. Preparação de sistemas de libertação controlada por polimerizações UV de radiação livre na presença de um fármaco. Journal of Controlled Release 2001, 71, 183-92.

[85] A.T. Metters, K.S. Anseth, C.N. Bowman. A statistical kinetic model for the bulk degradation of PLA-b-PEG-b-PLA hydrogel networks, Incorporating network non-idealities. Journal of Physical Chemistry B 2001, 105, 8069-76.

[86] A.T. Metters, C.N. Bowman, K.S. Anseth. Um modelo cinético estatístico para a degradação em massa de redes de hidrogéis PLA-b-PEG-b-PLA. Journal of Physical Chemistry B 2000, 104, 7043-9.

Capítulo 3: Factores que influenciam o perfil de Libertação de fármacos a partir de hidrogéis

A libertação de fármacos está intimamente ligada às caraterísticas de dilatação dos hidrogéis que, por sua vez, são uma função fundamental da arquitetura química dos hidrogéis. A libertação de um fármaco solúvel em água dos hidrogéis para o intestino delgado só ocorre quando a água entra na rede para inchar o polímero e dissolver o fármaco, seguindo-se a difusão ao longo de vias aquosas até à superfície do dispositivo. Os hidrogéis formados após enxerto/ligação cruzada podem ser utilizados como dispositivos de administração de fármacos. Todos os factores que afectam o inchaço da matriz polimérica influenciam o perfil de libertação do fármaco a partir da matriz polimérica. A dinâmica da libertação *in vitro* de fármacos a partir de hidrogéis depende não só do grau de reticulação, mas também da quantidade de fármaco carregado, do método de carregamento do fármaco e do pH do meio de libertação [1]. A fim de obter os benefícios dos sistemas de libertação controlada de fármacos, a sua conceção requer a consideração simultânea de vários factores, incluindo as propriedades químicas e físicas do fármaco, o potencial de segmentação, a via de administração, a natureza do veículo de libertação, o mecanismo de libertação do fármaco e a biocompatibilidade [2-10]. Vários factores influenciam o inchaço e o perfil de libertação do fármaco dos hidrogéis carregados com fármacos.

1 Densidade de reticulação do hidrogel

O grau de reticulação é um dos factores mais importantes que afectam o inchaço dos hidrogéis. Quanto maior for o grau de reticulação, mais o agente de reticulação é incorporado na estrutura do hidrogel. Os hidrogéis fortemente reticulados têm uma estrutura mais rígida e incham menos do que os mesmos hidrogéis com uma taxa de reticulação mais baixa. A reticulação dificulta a mobilidade da cadeia polimérica, o que reduz a taxa de dilatação e a libertação do fármaco [11]. Ao alterar a proporção da composição dos precursores e do agente reticulante, a temperatura de transição de fase também pode ser ajustada para uma temperatura próxima à do corpo humano [12]. Verificou-se também que a adição de aditivos, a modificação da natureza e da concentração do agente reticulante, o método de reticulação, o tensioativo e a natureza do meio de intumescimento influenciam o intumescimento dos hidrogéis [13-19]. A libertação controlada de um medicamento anti-hipertensivo a partir de microesferas de hidrogel de rede interpenetrante PVA-guar foi estudada por Soppirnath e colegas [20]. O aumento das ligações cruzadas leva à formação de uma macromolécula densa, resultando numa redução do inchaço. A libertação do fármaco a partir das microesferas aumentou inicialmente devido ao processo de relaxamento do polímero à medida que a água penetrava e transformava o polímero vítreo num polímero borrachoso. No entanto, a última parte do perfil de libertação do polímero totalmente inchado deveu-se a um processo de difusão.

Modificando o grau de reticulação, foi possível controlar a taxa de inchaço, a degradação e a citocompatibilidade do complexo polielectrólito (PEC) de polímeros naturais, quitosano e ácido hialurónico, reticulados com diferentes quantidades de genipin. Os resultados também confirmam que a reticulação com genipin teve um efeito substancial nos parâmetros de rede da estrutura PEC de quitosano e ácido hialurónico. A reticulação reduziu a complexidade da estrutura formada e melhorou a estabilidade das estruturas PEC reticuladas [21]. Uma vez que os suportes com um grau mais elevado de reticulação contribuem para uma maior estabilidade e integridade estrutural, as células semeadas são protegidas contra danos. Além disso, a maior parte das proteínas ou grupos funcionais ligados à adesão celular na superfície celular também têm carga negativa, pelo que as células se fixam à superfície de quitosano. Em segundo lugar, a superfície e a estrutura extracelular do ácido hialurónico permitem uma proliferação sem restrições nos suportes. Por conseguinte, esta matriz proporciona uma superfície favorável à adesão e proliferação celular [22-24].

2 Composição química dos hidrogéis

A composição química do polímero também pode afetar a taxa de intumescimento. Os hidrogéis que contêm grupos hidrofílicos incham mais do que os que contêm grupos hidrofóbicos. Os grupos hidrofóbicos colapsam na presença de água, minimizando a sua exposição à molécula de água. Um hidrogel sensível ao pH é constituído por espinhas dorsais de polímeros química ou fisicamente reticulados que contêm grupos iónicos pendentes. Quando estes grupos iónicos pendentes se ionizam e desenvolvem cargas nas redes poliméricas, o hidrogel incha devido às forças de repulsão eletrostática geradas. A taxa de libertação do fármaco dos hidrogéis inchados depende da natureza e da composição da matriz polimérica. O aumento do teor de álcool polivinílico (PVA) diminui a taxa de libertação do fármaco dos hidrogéis de quitosano/PVA. O aumento do teor de PVA na matriz polimérica altera os hidrogéis de uma matriz porosa para uma matriz mais densa, o que diminui a taxa de dilatação e impede uma libertação mais rápida do fármaco [25]. Os hidrogéis responsivos a estímulos têm grupos funcionais ionizáveis e a sua sensibilidade depende das unidades poliméricas e do tipo, composição e número de grupos funcionais presentes na espinha dorsal do polímero [26,27]. Os híbridos, os compósitos e os polímeros de enxerto podem aumentar a reatividade e alargar a gama de estímulos a que os sistemas à base de polissacáridos podem responder. Um hidrogel sensível ao pH consiste em espinhas dorsais de polímeros reticulados química ou fisicamente que contêm grupos iónicos pendentes. Quando estes grupos iónicos pendentes se ionizam e desenvolvem cargas nas redes de polímeros, o hidrogel incha devido às forças de repulsão eletrostática geradas. No caso da goma de guar modificada com poli(AAm) enxertada, o comportamento sensível ao pH dos hidrogéis deve-se à ionização parcial dos grupos -CONH2 em grupos -COOH. Neste estudo, os fármacos anti-hipertensivos foram incorporados nestes micro-hidrogéis e a libertação orientada destes fármacos em condições de pH intestinal foi simulada através do estudo do seu comportamento de difusão a pH ácido e neutro [28]

As primeiras tentativas centraram-se na utilização de polímeros hidrofílicos para aplicações de administração de medicamentos. No entanto, mais recentemente, os hidrogéis que contêm grupos hidrofílicos e hidrofóbicos suscitaram interesse devido ao equilíbrio alcançado pela distribuição de componentes hidrofóbicos altamente reticulados com baixas propriedades de inchamento e componentes hidrofílicos menos reticulados com maior capacidade de inchamento. Em resultado desta morfologia subjacente, foram fabricados hidrogéis hidrofílicos-hidrofóbicos com propriedades mecânicas superiores e libertação controlada de fármacos hidrofóbicos [29-33]. Mitra e colegas [34] estudaram o efeito de diferentes métodos de reticulação e parâmetros de processamento na libertação de fármacos a partir de pérolas de hidrogel de goma carboximetil xantana. As pérolas de hidrogel foram preparadas por reticulação iónica e reticulação dupla utilizando métodos simultâneos (SIM) e sequenciais (SEQ). Dos três métodos, o método SEQ produziu pérolas mais pequenas com maior eficiência de aprisionamento do fármaco e caraterísticas de libertação sustentada, medidas pelo tempo médio de dissolução e pelo coeficiente de difusão do fármaco. Como a concentração de reticulante iónico se manteve constante, o aumento da quantidade de reticulante covalente e do tempo de reticulação diminuiu a libertação do fármaco. A maior libertação de fármaco em solução ácida foi atribuída à maior solubilidade do fármaco básico e à maior dilatação das matrizes em solução ácida.

3 Natureza do meio de dilatação

A dilatação de hidrogéis sensíveis a estímulos pode ser afetada por estímulos específicos, como a temperatura, o pH, a força iónica e outros estímulos no meio de dilatação. Foi demonstrado que os copolímeros sensíveis ao pH e à temperatura sofrem uma transição sol-gel reversível quando o pH e a temperatura do meio de dilatação são alterados [35]. A sensibilidade da matriz ao pH é atribuída à presença de grupos funcionais fracamente ácidos e/ou básicos na espinha dorsal do polímero [36]. Um número crescente de estudos tem demonstrado que o comportamento de inchamento dos hidrogéis é influenciado por interações intermoleculares fracas, tais como interações electrostáticas e ligações de hidrogénio. Os estudos de intumescimento de hidrogéis à base de alginato de sódio-g-AAc revelaram que as ligações de hidrogénio entre grupos carboxilo conduzem a certas caraterísticas anómalas [37]. Após hidrólise parcial, a dilatação dos hidrogéis à base de goma de guar carboximetilada e ácido metacrílico (MAAc) aumentou [38]. A dilatação dos hidrogéis à base de xantana aumentou a um pH elevado, devido à repulsão eletrostática e à quebra da ligação éster. O grau de inchaço de equilíbrio e os mecanismos de difusão de água foram afectados pelos sais, dependendo da composição do gel e do tipo de sal utilizado [39]. Foi observada uma libertação de fármaco dependente do pH, com aproximadamente 90% do fármaco libertado apenas a pH 7,4 durante 9 h a partir de pérolas de polpa de carboximetil sagu. Os grânulos irradiados foram mais resistentes à libertação do fármaco num ambiente ácido do que os grânulos não irradiados. A libertação do fármaco das pérolas carregadas com 6% p/p de ácido 5-amino-salicílico (5-ASA) seguiu a ordem zero, enquanto as pérolas carregadas com 15% e 22% seguiram a primeira ordem. O valor do expoente de libertação "n" sugere um transporte não-fickiano do 5-ASA a partir dos grânulos [40]. Um estudo de libertação *in vitro* mostra que a quantidade de insulina libertada de microgéis sensíveis ao pH à base de hidroxipropilcelulose e ácido poli(L-glutâmico) para o suco gástrico (a pH 1,2) é significativamente inferior à libertada para o fluido intestinal (a pH 6,8) [41]. Os mecanismos pelos quais o hidrogel incha e esvazia em condições de pH variáveis no organismo controlam a libertação de insulina

[150]. O inchaço do hidrogel é influenciado por estímulos externos e pela composição e natureza do polissacarídeo [43-47].

As caraterísticas de dilatação do hidrogel em diferentes sais dependem de vários factores, como o número de cargas e a força iónica da solução externa, a elasticidade da rede polimérica, a presença de grupos hidrofílicos e a extensão da densidade de ligações cruzadas [48]. É bem sabido que a diminuição da taxa de inchamento depende fortemente do tipo de sais e da sua concentração no meio de inchamento. À medida que a carga do catião aumenta, o grau de reticulação iónica aumenta e, consequentemente, a dilatação diminui no caso da dilatação de polímeros de dextrina/poli (HEMA). Mas a dilatação também depende do potencial iónico (relação carga/raio) dos catiões do sal. Quanto mais elevado for o valor do potencial iónico de um catião, mais forte será a ligação cruzada iónica entre os catiões e os grupos hidrofílicos no hidrogel, o que impede a absorção de água pela matriz polimérica e conduz a um menor inchamento em equilíbrio [49].

4 Mucoadesão de hidrogéis

A mucoadesão é outra caraterística importante das formas de dosagem tópica de libertação sustentada que pode aumentar a duração ou a intensidade do contacto entre as moléculas do fármaco e o epitélio, controlando assim o local e a duração da libertação do fármaco. Na administração de medicamentos no trato gastrointestinal, pode ser desejável utilizar mucoadesivos para reter o dispositivo de administração do medicamento no local de ação (para um medicamento de ação local) ou no local de absorção (para um medicamento com determinados requisitos de ação sistémica). Isto prolongará o tempo de permanência do dispositivo e garantirá tempo suficiente para que o medicamento seja totalmente libertado. Para o efeito, foram desenvolvidos polímeros bioadesivos que aderem à mucina do intestino delgado e aumentam o tempo de permanência. A libertação prolongada reduziria o número de administrações diárias do fármaco e seria mais conveniente para o doente [50]. A utilização de géis aniónicos como mucoadesivos foi proposta para prolongar o tempo de retenção gástrica. Foi observado que os materiais aniónicos com uma elevada densidade de carga apresentam uma boa mucoadesão [51-53]. Além disso, com o aumento do teor de carbopol nos hidrogéis, a dureza e a compressibilidade dos hidrogéis diminuem, mas a sua força de bioadesão e reatividade ao pH aumentam [54]. As modificações efectuadas melhoraram as propriedades da superfície destas fibras e modificaram a adesão entre o material de enchimento e a matriz polimérica [55]. Foi demonstrado que a mucoadesão eficaz do dispositivo de administração de medicamentos à mucosa prolonga a ação do medicamento, aumentando o tempo de contacto e o tempo de permanência da forma de dosagem na membrana mucosa [56].

A utilização de sistemas de administração de fármacos mucoadesivos permite controlar a libertação do fármaco e a sua ligação a um local específico do organismo. O aumento do tempo de permanência dos sistemas de administração de fármacos no local de absorção no organismo pode prolongar a sua ação, o que pode levar a uma diminuição da frequência de administração e, no caso da administração oral de fármacos, evita o metabolismo de primeira passagem do fármaco [57-59]. Os hidrogéis à base de ácido poliacrílico têm uma natureza adesiva devido à interação polímero-mucina por ligação de hidrogénio, interação iónica e emaranhamento de cadeias com glicoproteínas presentes na membrana mucosa [60]. Os hidrogéis mucoadesivos aderem geralmente à membrana mucosa através de um mecanismo em duas fases. A primeira fase (fase de contacto) envolve um contacto íntimo entre um polímero mucoadesivo e a mucosa, quer devido a uma boa humidificação da superfície bioadesiva, quer devido ao inchaço do bioadesivo. Durante a segunda fase (fase de consolidação), uma vez estabelecido o contacto, ocorre a penetração do bioadesivo nas fendas da superfície do tecido ou a interpenetração das cadeias bioadesivas com as cadeias de glicoproteínas do muco, seguida da formação de ligações químicas secundárias, tais como interações electrostáticas e hidrofóbicas, ligações de hidrogénio e interações de van der Waals (Esquema 1) [61,62].

5 Propriedades mecânicas dos hidrogéis

As propriedades mecânicas dos hidrogéis são muito importantes para as aplicações farmacêuticas. Um sistema de administração de medicamentos concebido para proteger um agente terapêutico sensível, como uma proteína, tem de manter a sua integridade para proteger a proteína até que esta seja libertada do sistema. A modificação do grau de reticulação foi utilizada para obter as propriedades mecânicas desejadas dos hidrogéis. A utilização de uma mistura de polissacáridos na preparação do hidrogel mostrou uma melhor estabilidade mecânica e capacidade de retenção de água, em comparação com um único polissacárido. Estas misturas foram preparadas por enxerto de acrilamida em misturas de polissacáridos compostas por amido, quitosano e alginato [63-65].

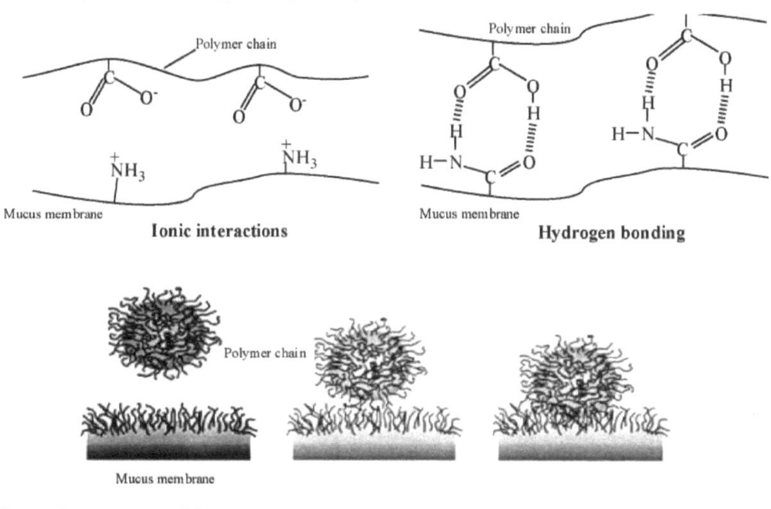

Emaranhamento em cadeia

Diagrama 1: Mecanismo de adesão dos hidrogéis à mucosa.

A modificação dos polissacáridos por enxerto/ligação cruzada pode resultar em géis com maior resistência e um comportamento mecânico e de degradação mais controlado do que os géis com ligações cruzadas físicas/iónicas [66]. As IPN, uma classe importante de materiais de hidrogel, são definidas como dois componentes de polímeros sintéticos e/ou naturais reticulados independentes contidos numa rede. Uma semi-IPN é uma IPN em que um componente é um polímero reticulado e o outro é um polímero não reticulado. A formação de uma NPI aumenta a compatibilidade dos componentes poliméricos, impedindo a separação de fases e permitindo o acesso a propriedades que podem ser híbridas das propriedades das macromoléculas componentes. A formação de uma NPI entre um polímero sensível ao pH e um segundo polímero sensível à temperatura é um exemplo deste comportamento. A resistência mecânica do hidrogel pode ser melhorada através da utilização de um segundo polímero relativamente hidrofóbico na NPI. Além disso, uma ou ambas as redes macromoleculares da NPI podem ser biodegradáveis [67,68].

6 Outros factores

Os produtos poliméricos para administração de medicamentos podem ser formulados com excipientes adicionados à matriz polimérica. O principal objetivo da presença de excipientes na matriz polimérica pode ser modular a libertação do fármaco, estabilizar o fármaco ou modular a cinética de degradação do polímero [69]. Ao incorporar sais básicos como excipientes em microesferas poliméricas, a estabilidade da proteína incorporada pode ser melhorada. Também se demonstrou que estes sais básicos reduzem a degradação do polímero. Do mesmo modo, os excipientes hidrofílicos podem acelerar a libertação do fármaco, embora também possam aumentar o efeito de explosão inicial [70]. Os excipientes e aditivos iónicos e não iónicos afectam a cinética do inchaço e da erosão, bem como a libertação do fármaco em comprimidos de matriz polissacarídica. A representação gráfica que ilustra os diferentes factores que influenciam a libertação do fármaco dos hidrogéis é apresentada na Figura 1.

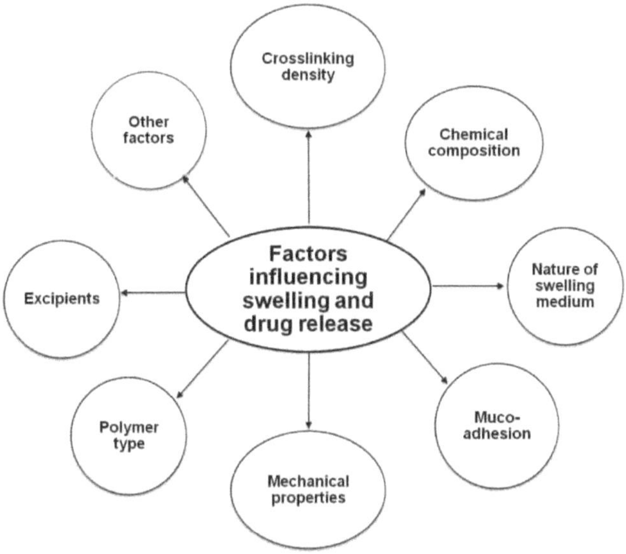

Figura 1: Factores que influenciam a libertação de fármacos dos hidrogéis.

7 Conclusões

A libertação de um fármaco solúvel em água a partir de hidrogéis para o intestino delgado ocorre apenas quando a água entra na rede para inchar o polímero e dissolver o fármaco, seguida de difusão ao longo de vias aquosas até à superfície do dispositivo. Os hidrogéis formados após a reticulação podem ser utilizados como dispositivos de administração de fármacos. Todos os factores que afectam o inchaço da matriz polimérica influenciam o perfil de libertação do fármaco a partir da matriz polimérica. A taxa de reticulação é um dos factores mais importantes que afectam a dilatação dos hidrogéis. Globalmente, pode concluir-se que os dispositivos de administração de fármacos baseados em hidrogéis mucoadesivos sensíveis ao pH podem ser utilizados para a libertação controlada e sustentada de fármacos no intestino delgado.

8 Referências

[1] K.S. Soppimath, T.M. Aminabhavi. Estudo do transporte de água e da libertação de fármacos a partir de microesferas de hidrogel de goma guar enxertadas com poliacrilamida reticulada para a aplicação de libertação controlada. European Journal of Pharmaceutics and Biopharmaceutics 2002, 53, 87-98.

[2] D. Hoarau, P. Delmas, S. David, E. Roux, J.C. Leroux. Novas nanocápsulas lipídicas de longa circulação. Pharmaceutical Research 2004, 21, 1783-9.

[3] S.M. Moghimi, J. Szebeni. Lipossomas furtivos e nanopartículas de longa circulação, questões críticas em farmacocinética, opsonização e propriedades de ligação a proteínas. Programa de Investigação em Lípidos 2003, 42, 463-78.

[4] O. Koo, I. Rubinstein, H. Onyuksel. Camptotecina em micelas de fosfolípidos estericamente estabilizadas, uma nova nanomedicina. Nanomedicina 2005, 1, 77-84.

[5] J. Kristl, B. Volk, M. Gasperlin, M. Sentjurc, P. Jurkovic. Effect of colloidal carriers on ascorbyl palmitate stability. European Journal of Pharmaceutical Science 2003, 19, 181-9.

[6] A. Arnedo, J.M. Irache, M. Merodio, M. Espuelas, S. Millan. As nanopartículas de albumina melhoraram a estabilidade, a acumulação nuclear e a atividade anticitomegalovírica de um oligonucleótido fosfodiéster. Journal of Controlled Release 2004, 94, 217-27.

[7] C.C. Lin, A.T. Metters. Hydrogels in controlled release formulations,

network design and mathematical modeling. Advanced Drug Delivery Review 2006, 58, 1379-408.

[8] V. Papadopoulou, K. Kosmidis, M. Vlachou, P. Macheras. On the use of the weibull function for the discernment of drug release mechanisms. International Journal of Pharmaceutics 2006, 309, 44-50.

[9] S. Bose, R.H. Bogner. Processos de revestimento farmacêutico sem solventes, uma revisão. Pharmaceutical Development and Technologies 2007, 12, 115-31.

[10] S. Strubing, H. Metz, K. Mader. Mechanistic analysis of drug release from tablets with membrane controlled drug delivery (Análise mecanicista da libertação de fármacos a partir de comprimidos com libertação controlada por membrana). European Journal of Pharmaceutics and Biopharmaceutics 2007, 66, 113-9.

[11] A. K. Bajpai, A. Mishra. Redes poliméricas interpenetrantes ionizáveis de carboximetilcelulose e ácido poliacrílico, Avaliação da absorção de água. Journal of Applied Polymer Science 2004, 93, 2054-65.

[12] Y. Bao, J. Ma, Y. Sun. Comportamentos de inchamento de compósitos orgânicos/inorgânicos baseados em vários derivados de celulose e partículas inorgânicas. Carbohydrate Polymers 2012, 88, 589-95.

[13] T.S. Anirudhan, S.R. Rejeena. Nanocelulose enxertada com poli (ácido acrílico) modificada com poli (glicidilmetacrilato) como matrizes para a adsorção de lisozima a partir de soluções aquosas. Chemical Engineering Journal 2012, 187, 150-9.

[14] T.S. Anirudhan, S. Rijith. Síntese e caraterização de um compósito de quitosano/bentonite enxertado com poli (ácido metacrílico) terminado em carboxilo e sua aplicação para a recuperação de urânio (VI) em meios aquosos. Jornal de Radioatividade Ambiental 2012, 106, 8-19.

[15] H. Kono, S. Fujita. Hidrogéis superabsorventes biodegradáveis derivados de celulose por reticulação de esterificação com dianidrido 1,2,3,4-butanetetracarboxílico. Carbohydrate Polymers 2012, 8, 2582-8.

[16] D. Mecerreyes. Polymeric ionic liquids, Broadening the properties and applications of polyelectrolytes. Progresso em Ciência dos Polímeros 2011, 36, 162948.

[17] X.N. Shi, W.B. Wang, A.Q. Wang. Efeito dos surfactantes na porosidade e comportamento de inchamento de guar-g-poli(acrilato de sódio-co-estireno)/attapulgite. Colloids and Surfaces B, Biointerfaces 2011, 88, 279-86.

[18] L.A. Wells, H. Sheardown. Libertação controlada fotossensível com alginato modificado com polietilenoglicol-antraceno. Jornal Europeu de Farmácia e Biofarmácia 2011, 79, 304-13.

[19] K. Zielinska, W. Kujawski, A.G. Chostenko. Membranas de hidrogel de quitosano para desidratação pervaporativa de álcoois. Sep Purif Technol 2011, 83, 114-20.

[20] K.S. Soppirnath, A.R. Kulkarni, T.M. Aminabhavi. Libertação controlada de fármacos anti-hipertensivos a partir da rede interpenetrante de microesferas de hidrogel de poli(álcool vinílico)-goma guar. J Biomater Sci Polym Ed 2000, 11,27-43.

[21] S. D. Nath, C. Abueva, B. Kim, B. T. Lee. Andaime complexo de polielectrólito de ácido quitosano-hialurónico reticulado com genipina para imobilização e libertação controlada de BMP-2. Polímeros de Carboidratos 2015, 115, 160169.

[22] S.D. Nath, N.T. Linh, A. Sadiasa, B.T. Lee. Encapsulamento de microesferas de PLGA carregadas com sinvastatina em um andaime de esponja porosa BCP carregado com hidrogel como um sistema de liberação controlada de drogas para regeneração de tecido ósseo. Jornal de Aplicações de Biomateriais 2014, 28(8), 1151-1163.

[23] N.T. Linh, B.T. Lee. Uma combinação de andaime de fosfato de cálcio bifásico com hidrogel de ácido hialurónico-gelatina como uma nova ferramenta para a regeneração óssea. Tissue Engineering Part A 2014, 20(13-14), 1993-2004.

[24] V. Vlierberghe, P.D. Sandra, E. Schacht. Hidrogéis à base de

biopolímeros como andaimes para aplicações de engenharia de tecidos, uma revisão. Biomacromolecules 2011, 12(5), 1387-1408.

[25] S. Das, U. Subuddhi. Libertação controlada mediada por ciclodextrina de naproxeno a partir de hidrogéis de quitosano/poli(álcool vinílico) sensíveis ao pH para entrega direcionada ao cólon. Pesquisa em Química Industrial e de Engenharia 2013, 52, 14192-200.

[26] Y.N. Dai, P. Li, J.P. Zhang, A.Q. Wang, Q. Wei. Caraterísticas de inchaço e propriedades de administração de fármacos de pérolas de hidrogel de alginato-quitosano sensíveis ao pH carregadas com nifedipina. Journal of Biomedical Material Research B Appl Biomater 2008, 86B, 493-500.

[27] R.V. Kulkarni, B. Sa. Hidrogéis de poliacrilamida enxertada-xantana electroresponsivos para administração de medicamentos. J Bioact Compat Polym 2009, 24, 368-84.

[28] K.S. Soppimath, A.R. Kulkarni, T.M. Aminabhavi. Microgéis aniónicos rosslinked à base de poliacrilamida-goma de goma quimicamente modificada como sistemas de administração de fármacos sensíveis ao pH, preparação e caraterização. Journal of Controlled Release 2001, 75, 331-45.

[29] E.M. Ahmed. Hidrogel, preparação, caraterização e aplicações, uma revisão, Journal of Advanced Research. 2015, 6, 105-121.

[30] V. Barron, J. A. Killion, L. Pilkington, G. Burke, L. M. Geever, J. G. Lyons, E. McCullagh, C. L. Higginbotham. Desenvolvimento de hidrogéis hidrofílicos-hidrofóbicos quimicamente reticulados para aplicações de administração de medicamentos. European Polymer Journal 2016, 75, 25-35

[31] E. Josef, K. Barat, I. Barsht, M. Zilberman, H. Bianco-Peled. Hidrogéis compostos como veículo para a libertação de fármacos com uma vasta gama de hidrofobias, Ata Biomaterialia 2013, 9, 8815-8822.

[32] S. Khoee, M. Kardani. Preparação de hidrogel superporoso PCL/PEG contendo nanopartículas carregadas com fármacos, o efeito da interface hidrofóbica-hidrofílica nas propriedades físicas, European Polymer Journal 2014, 58, 180-190.

[33] E.S. Dragan, Design and applications of interpenetrating polymer network hydrogels. Uma revisão, Chemical Engineeering Journal. 2014, 243, 572-590.

[34] S. Mitra, S. Maity, B. Sa. Efeito de diferentes métodos de reticulação e parâmetros de processamento na libertação de fármacos a partir de esferas de hidrogel. Revista Internacional de Macromoléculas Biológicas 2015, 74, 489-497.

[35] W.S. Shim, J.S. Yoo, Y.H. Bae, D.S. Lee. Novos hidrogéis injetáveis de copolímero em bloco sensíveis ao pH e à temperatura. Biomacromolecules 2005, 6, 2930-4.

[36] A.A. Al-Kahtani, B.S. Sherigara. Libertação controlada de diclofenac sódico a partir de hidroxietilcelulose enxertada com acrilamida e alginato de sódio. Polímeros de hidratos de carbono 2014, 104, 151-7.

[37] Y. Yin, X. Ji, H. Dong, Y. Ying, H. Zheng. Estudo da dinâmica de inchaço com efeito de overshooting de hidrogéis à base de alginato de sódio-g-ácido acrílico. Carbohydrate Polymers 2008, 71, 682-9.

[38] M. Yadav, D.K. Mishra, K. Behari. Síntese de copolímero de enxerto parcialmente hidrolisado (goma de guar H-parcialmente carboximetilada-g-ácido metacrílico), um material superabsorvente. Carbohydrate Polymers 2011, 85, 29-36.

[39] V.B. Bueno, R. Bentini, L.H. Catalani, D.F.S. Petri. Síntese e comportamento de inchamento de hidrogéis à base de xantana. Polímeros de Carboidratos 2013, 92, 1091-9.

[40] S. Thenapakiam, D.G. Kumar, J. Pushpamalar, M. Saravanan. Contas de polpa de carboximetil sagu reticuladas com alumínio e radiação para entrega direcionada ao cólon. Polímeros de hidratos de carbono 2013, 94, 356-63.

[41] Y. Bai, Z. Zhang, A. Zhang, L. Chen, C. He, X. Zhuang, X. Chen. Novos microgéis à base de hidroxipropilcelulose e poli (ácido L-glutâmico) termo- e pH-responsivos para libertação controlada de insulina oral. Carbohydrate

Polymers 2012, 89, 1207-14.

[42] K. Chaturvedi, K. Ganguly, M.N. Nadagouda, T.M. Aminabhavi TM. Hidrogéis poliméricos para administração oral de insulina. Jornal de Libertação Controlada 2013, 165, 129-38.

[43] M.C.I. Mohd Amin, N. Ahmad, N. Halib, I. Ahmad. Síntese e caraterização de hidrogéis de celulose bacteriana/ácido acrílico termoreactivos e sensíveis ao pH para administração de fármacos. Polímeros de Carboidratos 2012, 88, 465-73.

[44] R. Tan, Z. She, M. Wang, Z. Fang, Y. Liu, Q. Feng. Hidrogel injetável à base de alginato termossensível para engenharia de tecidos. Polímeros de hidratos de carbono 2012, 87, 1515-21.

[45] N. Dhar, S.P. Akhlaghi, K.C. Tam. Microgéis poliampolíticos biodegradáveis e biocompatíveis derivados de quitosana, carboximetilcelulose e metilcelulose modificada. Polímeros de Carboidratos 2012, 87, 101-9.

[46] J.F. Almeida, P. Ferreira, A. Lopes, M.H. Gil. Hidrogéis responsivos biodegradáveis fotocrosslinkable como sistemas de entrega de drogas. Jornal Internacional de Macromoléculas Biológicas 2011, 49, 948-54.

[47] W. Wang, J. Wang, Y. Kang, A. Wang. Síntese, inchaço e propriedades reactivas de um novo hidrogel composto à base de hidroxietilcelulose e pedra medicinal. Compos B Eng 2011, 42, 809-18.

[48] T. Miyata, N. Asami, T. Uragami. Preparação de um hidrogel sensível ao antigénio utilizando ligações antigénio-anticorpo, Macromolecules 1999, 32, 20822084.

[49] D. Eagland, N.J. Crowther, C.J. Butler. Complexação entre polioxietileno e ácido polimetacrílico - A importância da massa molar do polietileno, European Polymer Journal 1994, 30, 767-773.

[50] P.K. Gupta, S-H Leung, J.R. Robinson. In, V. Lenaerts, R. Gurny. Bioadhesive drug delivery systems. CRC Press, Boca Raton, Fla. 1990, pp. 65-92.

[51] K. Park, H.S. Chung, J.R. Robinson. Em, J.M. Anderson, S.W. Kim. Recent advances in drug delivery systems. Plenum Press, N.Y. 1984, pp. 63183.

[52] H. Park, J.R. Robinson. Mecanismos de mucoadesão de hidrogéis de poli(ácido acrílico). Pharmaceutical Research 1987, 4, 457-64.

[53] J.R. Robinson, M.A. Longer, M. Veillard. Bioadhesive polymers for controlled drug delivery. Annals NewYork Acad Sci 1987, 507, 307-14.

[54] C.R. Tenreiro, L.D. Bueno, A. Concheiro, J.J.T. Labandeira, C.A. Lourenço. Redes interpenetrantes em microescala de ciclodextrina/carbopol (ms- IPNs) para liberação de fármacos. Jornal de Libertação Controlada 2007, 123, 56-66.

[55] M.A. Al-Maadeed, S. Labidi. 4 - Polímeros reciclados em compósitos de polímeros reforçados com fibras naturais. Em, Hodzic A, Shanks R. Eds. Compósitos de fibras naturais. Woodhead Publishing 2014, pp. 103-14.

[56] H.E. Friedl, S. Dunnhaupt, C. Waldner, A. Bernkop-Schnurch. Tiómeros pré-ativados para veículos de entrega de medicamentos vaginais. Biomateriais 2013, 34, 7811-7818.

[57] D.S. Jones, A.D. Woolfson, A.F. Brown, M.J. O'Neill. Mucoadhesive, syringeable drug delivery systems for controlled application of metronidazole to the periodontal pocket: in vitro release kinetics, seringability, mechanical and mucoadhesive properties. Journal of Controlled Release, 1997, 49, 7179.

[58] M.I. Ugwoke, S. Exaud, G.V.D. Mooter, N. Verbeke, R. Kinget. Bioavailability of apomorphine following intranasal administration of mucoadhesive drug delivery systems in rabbits. Jornal Europeu de Ciências Farmacêuticas, 1999, 9, 213-219.

[59] G.P. Andrews, T.P. Laverty, D.S. Jones. Mucoadhesive polymeric platforms for controlled drug delivery. European Journal of Pharmaceutics and Biopharmaceutics, 2009, 71, 505-518.

[60] Y. Sudhakar, K. Kuotsu , A.K. Bandyopadhyay. Buccal bioadhesive drug delivery - A promising option for orally less efficient drugs. Journal of

Controlled Release, 2006, 114, 15-40.

[61] J.D. Smart. The basis and underlying mechanisms of mucoadhesion. Advanced Drug Delivery Reviews, 2005, 57, 1556-1568.

[62] J. Cleary, L. Bromberg, E. Magner. Adhesion of polyether-modified poly(acrylic) acid to mucin (Adesão de ácido poli(acrílico) modificado com poliéter à mucina). Langmuir, 2004, 20, 9755-9762.

[63] M. Sorour, M. El-Sayed, N.A. El Moneem, H. Talaat, H. Shaalan, S. ElMarsafy. Cinética de enxerto de radical livre de acrilamida em uma mistura de amido / quitosana / alginato. Polímeros de hidratos de carbono 2013,98,460-4.

[64] M. El-Sayed, M. Sorour, N.A. El Moneem, H. Talaat, H. Shalaan, S. El-Marsafy. Síntese e propriedades de polímeros naturais de enxerto-acrilamida. World Appl Sci J 2011, 13, 360-8.

[65] Y. Shifeng, M. Ying, M. Lucile, S. Da-Wen. Propriedades físico-químicas do amido e da farinha de diferentes cultivares de arroz. Tecnologia de Bioprocessos Alimentares 2012, 5, 626-37.

[66] S. Dumitriu. Polysaccharides, structural, diversity and functional versatility. Marcel Dekker, Nova Iorque, 1998.

[67] N.M. Ranjha, S. Khan. Hidrogéis à base de quitosana / poli (álcool vinílico) para aplicações biomédicas, uma revisão. J Pharm Altern Med 2013, 2, 30-41.

[68] B. Gajra, S.S. Pandya, G. Vidyasagar, H. Rabari, R.R. Dedania, S. Rao. Hidrogéis de álcool polivinílico e suas aplicações farmacêuticas e biomédicas. Jornal Internacional de Farmacêutica Res 2012, 4, 20-6.

[69] T. Durig, R. Fassihi. Guar-based monolithic matrix systems, Effect of ionizable and non-ionizable substances and excipients on gel dynamics and release kinetics. Journal of Controlled Release 2002, 80, 45-56.

[70] G. Zhu, S.P. Schwendeman. Estabilização de proteínas encapsuladas em implantes cilíndricos de poli(lactido-co-glicolido), mecanismo de estabilização por aditivos básicos. Pharmaceutical Research 2000, 17, 351-7.

Capítulo 4: Hidrogéis à base de polissacáridos como sistemas de administração de fármacos orientados para o cólon

Os sistemas de administração de fármacos orientados para o cólon libertam o fármaco dos hidrogéis de diferentes formas. Os sistemas de matriz biodegradável são muito promissores, uma vez que só podem ser degradados por enzimas bacterianas no cólon e não podem ser degradados no estômago e no intestino delgado. Num estudo, ao comparar o perfil de libertação do fármaco com os resultados da degradação, observou-se que a libertação do fármaco estava quase completa quando a perda de peso da matriz de hidrogel era apenas de cerca de 15%. A explicação possível é que o mecanismo de libertação de pequenas moléculas, particularmente pequenas moléculas hidrofílicas, é a difusão a partir dos poros do hidrogel. A degradação enzimática da matriz conduz, em certa medida, (a) ao aparecimento de novos poros, (b) à deterioração parcial das redes e (c) a um aumento do diâmetro dos poros, o que favorece a difusão de pequenas moléculas. Desta forma, as pequenas moléculas podem difundir-se através destes poros e ser completamente libertadas quando a matriz não está completamente degradada [1-6]. Alvarez-Lorenzo e colegas [7] analisaram os polissacáridos iónicos reticulados como componentes de sistemas de administração capazes de regular a libertação de fármacos em resposta a alterações do pH, da natureza e da concentração de iões, da intensidade dos campos eléctricos e magnéticos, do comprimento de onda da luz, da temperatura, do potencial redox e de moléculas específicas. Os polímeros sensíveis ao pH representam uma plataforma muito promissora para a libertação de fármacos, uma vez que o corpo apresenta variações fisiológicas extremas de pH ao longo do trato gastrointestinal (GI), que vão desde o pH 2 no estômago até ao pH 7 no cólon e até ao pH 8,2 no duodeno inferior. Com base nas variações de pH, é, portanto, possível criar microtransportadores sensíveis ao pH que sejam estáveis a valores de pH baixos no estômago e que apenas libertem o seu conteúdo em condições neutras ou alcalinas. Estes tipos de polímeros são conhecidos como polímeros entéricos. Sinha et al [4] que um grande número de polissacáridos já foi investigado quanto ao seu potencial como sistemas de administração de fármacos específicos do cólon, tais como o quitosano, a pectina, o sulfato de condroitina, a ciclodextrina, o dextrano, a goma de guar, a inulina, a amilase e a goma de alfarroba. Neste artigo, tentou-se discutir alguns hidrogéis naturais à base de polissacáridos como sistemas de administração de fármacos direcionados para o cólon. Estes polissacáridos incluem glucomanano de konjac, goma xantana, goma de guar, goma de sterculia, goma de tragacanto, pectinas, psílio, alginato, dextrano, amido, hemiceluloses, goma arábica, ciclodextrinas, ácido hialurónico e quitosano.

1 Glucomanano de konjac

O glucomanano de *konjac* (KGM) é um polissacárido obtido a partir de tubérculos *de Amorphophallus konjac*. É constituído por resíduos de D-glucose e D-manose na cadeia principal, ligados por uma ligação p(1-4). O polissacárido glucomanano de konjac é degradado no cólon mas não no intestino delgado, o que o torna potencialmente útil como excipiente para a administração de medicamentos no cólon. Tem sido utilizado em sistemas de administração oral de fármacos dirigidos ao cólon [8] e é degradado pela p-mananase do cólon, um tipo de enzima produzida pelas bactérias do cólon humano [9,10]. Hidrogéis específicos para o cólon compostos por KGM/ AAc, reticulados pelo agente azo aromático bis(metacriloilamino)-azobenzeno, mostraram que o processo de libertação de albumina de soro bovino (BSA) podia ser controlado pela biodegradação do hidrogel e que a taxa de libertação era mais rápida em pH 7,4 do que em pH 2,2 [11]. Noutro caso, os hidrogéis de KGM/ AAc ligados a NN-MBA mostraram que a taxa de libertação do fármaco pode ser ajustada através do controlo da concentração de NN-MBA. Os estudos de comportamento de inchamento e degradação mostraram que o gel era sensível ao pH e podia ser degradado pela celulase E0240, que contém a enzima в -mannanase. Verificou-se que a libertação do fármaco modelo, o ácido 5-aminossalicílico (5-ASA), era controlada pelos processos de dilatação e degradação. A percentagem de libertação cumulativa de 5-ASA atingiu 51

95,19% após 36 horas [12,13]. A adição de óxido de grafeno controlou eficazmente a taxa de libertação de 5-fluorouracilo (5-FU) a partir de KGM/alginato de sódio funcionalizado e verificou-se que estes hidrogéis tinham um efeito de libertação controlada durante mais de 12 horas a pH 6,8, pelo que são também um veículo promissor para um sistema de libertação oral de fármacos direcionado para o cólon [14].

Chen et al [12] apresentaram um relatório sobre a síntese e as propriedades de sistemas de hidrogel concebidos para a administração de fármacos no cólon. Os géis eram compostos por KGM/AAc e reticulados por NNMBA. A taxa de inchamento dos hidrogéis mostrou uma resposta sensível ao pH ambiental. Os resultados do teste de degradação mostraram que os hidrogéis mantiveram a degradabilidade enzimática do KGM e puderam ser degradados a 52,5% em 5 dias pela celulase E0240. A percentagem cumulativa de libertação de 5-ASA atingiu 95,19% após 36 horas e a libertação do fármaco foi controlada pelo inchaço e degradação dos hidrogéis. Também se observou que a percentagem de libertação acumulada é muito mais elevada no meio com p-glicosidase do que no meio sem p-glicosidase, sendo de 95,19 e 32,95% após 36 horas, respetivamente. Noutro estudo, os copolímeros de enxerto KGM/AAc mantiveram a sua especificidade de degradação enzimática e o seu potencial para a libertação específica no cólon de fármacos proteicos ou peptídicos [11]. Foi também relatada uma mistura binária KGM/goma xantana sensível às enzimas para a administração de medicamentos no cólon [15].

2 Goma xantana

A goma xantana (XG) é um exopolissacárido microbiano com carga negativa, constituído por uma estrutura de celulose e cadeias laterais de trissacáridos compostas por um resíduo de ácido glucurónico entre duas unidades de manose. Trata-se de um biopolímero industrial obtido a partir de *Xanthomonas compestris*, uma bactéria patogénica para as plantas. No entanto, para estudos científicos, é extraído de Xanthomonas phaseoli e Xanthomonas juglandis. Os géis de polissacáridos de goma xantana foram produzidos utilizando várias abordagens [16,17]. É um excipiente eficaz para formulações de libertação sustentada, proporcionando uma taxa de libertação quase nula 52

A cinética de libertação do fármaco é da ordem da ação. Hamcerencu et al [18] prepararam hidrogéis estimulantes à base de goma xantana/ciclodextrina acrilato/N-isopropilacrilamida por polimerização de radicais livres. Os hidrogéis contendo ciclodextrina foram concebidos para incluir fármacos insolúveis em água mas solúveis em solventes orgânicos convencionais. Revelaram que, modificando a proporção da composição dos precursores e do agente de reticulação, a temperatura de transição de fase (temperatura crítica inferior da solução) podia também ser ajustada perto da temperatura corporal para potenciais aplicações nos domínios biomédico e biotecnológico. Dependendo da composição, os hidrogéis apresentaram diferentes taxas de resposta a alterações externas de temperatura e pH. Foram sintetizados comprimidos de matriz de copolímeros de goma xantana enxertados com acrilamida para a administração oral controlada de fármacos anti-hipertensivos. A natureza do transporte do fármaco através dos comprimidos de matriz seguiu a tendência não-Fickiana (anómala), uma vez que a difusão através da matriz dependia dos processos de relaxamento da cadeia do polímero. Os sistemas de matriz polimérica são expansíveis e podem ser desenvolvidos através da compressão de um polímero hidrofílico com o fármaco. O seu sucesso está ligado ao polissacárido, que reage à presença de água ou fluidos biológicos e pode modificar a sua estrutura para formar uma camada de gel, permitindo que o fármaco seja libertado da matriz através do trato gastrointestinal (TGI) à velocidade e no tempo desejados [19].

3 Goma guar

A goma de guar é obtida a partir de uma planta leguminosa, *Cyamoposis tetragonolobus*, e é isolada desta planta através da moagem do endosperma das suas sementes. A goma de guar (GG) é um polissacárido natural, solúvel em água e de elevado peso molecular, isolado do endosperma da semente de guar, e é um dos materiais promissores para a libertação controlada por via oral e para sistemas de administração de fármacos dirigidos ao cólon [20,21]. O seu baixo custo, a não toxicidade, a biodegradabilidade, a biocompatibilidade, a elevada viscosidade e a elevada solubilidade em água tornam-na adequada para aplicações biomédicas. As propriedades funcionais da goma de guar são de extrema importância para o controlo da libertação de fármacos no trato gastrointestinal [22,23]. Os sistemas de libertação de fármacos específicos do cólon à base de goma guar foram avaliados utilizando métodos *in vitro* e *in vivo*. Estudos de libertação de fármacos *in vitro* mostraram que a goma de guar, sob a forma de uma camada de compressão aplicada a comprimidos de indometacina, protege o fármaco da libertação em condições que imitam a passagem da boca para o cólon. Estudos em solução salina tamponada com fosfato (PBS) pH 6,8 contendo 4% p/v de conteúdo cecal de rato demonstraram a sensibilidade da goma de guar à ação enzimática das bactérias do cólon, resultando na libertação do fármaco [24].

É também utilizado como vetor para a administração oral de

medicamentos de libertação sustentada. Na administração de fármacos dirigida ao cólon, tem um grande potencial como vetor para sistemas matriciais orais de libertação controlada e como microesferas reticuladas. É utilizado como aglutinante, desintegrante, agente espessante, emulsionante, laxante em massa, supressor do apetite e agente de libertação sustentada. Foram preparados vários hidrogéis reactivos ao pH à base de goma de guar através do enxerto de monómeros vinílicos hidrofílicos e ionizáveis na goma de guar na presença de um agente de reticulação. Os monómeros AAc e AAm têm sido amplamente utilizados para conceber o sistema de administração de fármacos orientado para o cólon. Foram preparados hidrogéis de rede polimérica semi-interpenetrante (IPN) de goma de guar/poli(AAc) por polimerização radicalar livre na presença de um agente de reticulação, NNMBA. Observou-se que a dilatação destes hidrogéis dependia da composição química dos hidrogéis e do pH do meio de dilatação. O aumento do teor de GG nos hidrogéis diminuiu as taxas de intumescimento, enquanto o aumento do teor de cAA nos géis resultou num aumento da taxa de intumescimento devido à repulsão eletrostática entre os grupos ionizados [25]. Noutro estudo, os hidrogéis de composição semelhante foram preparados por polimerização radicalar fotoiniciada. Os resultados mostraram que a cinética de libertação do fármaco dos hidrogéis para uma solução tampão de pH 7,4 era predominantemente de difusão não-Fickiana. No entanto, no caso dos comprimidos, a libertação do fármaco numa solução tampão de pH 7,4 foi principalmente afetada pela erosão do polímero. O pH do meio de dissolução parece ter um forte efeito no mecanismo de transporte do fármaco. Em valores de pH mais básicos, o transporte foi observado no caso II, indicando um mecanismo de libertação do fármaco fortemente influenciado pelo relaxamento da cadeia macromolecular. A libertação de cetoprofeno foi também testada nas condições escolhidas para simular as condições do trato gastrointestinal. Os resultados indicam que estes hidrogéis podem ser explorados como potenciais vectores para a libertação de fármacos específicos do cólon. Observou-se também que o aumento do teor de poli(AAc) resultou numa libertação rápida de cetoprofeno dos hidrogéis preparados por polimerização radicalar fotoiniciada. O pH do meio de dissolução parece ter um efeito significativo no mecanismo de transporte do fármaco. Verifica-se um aumento de 'n' de 0,61 para 0,85 com a alteração do pH. Em valores de pH mais básicos, o transporte foi observado no caso II, indicando um mecanismo de libertação do fármaco fortemente influenciado pelo relaxamento da cadeia macromolecular. A libertação de cetoprofeno foi também testada em condições escolhidas para simular o pH e o intervalo de tempo susceptíveis de serem encontrados durante o trânsito do estômago para o cólon. Em primeiro lugar, os hidrogéis secos carregados com cetoprofeno foram colocados em soluções tampão de pH 2,2 durante 1 h, depois numa solução tampão de pH 6,8 durante 3 h e, finalmente, numa solução tampão de pH 7,4 durante 8 h. Verificou-se que houve uma libertação baixa e nenhuma diferença durante a primeira 1 hora. A baixa libertação (18,1% da quantidade libertada) é observada na fase inicial, a pH 6,8, a libertação de cetoprofeno aumenta claramente e na solução tampão de pH 7,4, o hidrogel continua a reter a maior percentagem de libertação acumulada em comparação com outros hidrogéis [26].

Por outro lado, os hidrogéis responsivos ao pH à base de GG/AAm mostraram que os grupos funcionais -CONH2 presentes nos hidrogéis se hidrolisaram em grupos -COOH a um pH mais elevado, o que conferiu uma funcionalidade responsiva ao pH à matriz do hidrogel. Neste estudo, foram introduzidos fármacos anti-hipertensivos nestes micro-hidrogéis e foi simulada a libertação orientada destes fármacos em condições de pH intestinal [27]. A mistura do produto de enxerto GG/AAm com quitosano (CS) também foi registada para formar hidrogéis de rede de polímeros interpenetrantes (IPN). Estas microesferas encapsularam até 74% de ciprofloxacina (CFX), um fármaco antibiótico com uma semi-vida plasmática de 4 horas, e a libertação de ciprofloxacina foi prolongada até 12 horas. A libertação *in vitro* de ciprofloxacina em meios a pH 1,2 e 7,4 mostrou-se dependente da composição da mistura de NPI, do grau de reticulação e da carga inicial do fármaco. Também se observou que as microesferas reticuladas com 2,5 ml de glutaraldeído (GA) apresentaram maior libertação do que as reticuladas com 5 ml de GA. Isto pode ser o resultado da difusão do fármaco a partir das microesferas, que depende do tamanho da malha da rede polimérica, que geralmente diminui com o aumento da reticulação [28].

As formulações de goma guar mostraram uma libertação insignificante do fármaco nos fluidos gástrico e intestinal simulados, enquanto se observou um aumento significativo da libertação do fármaco no fluido cólico simulado. O estudo demonstrou que a galactomananase acelerou a dissolução da dexametasona e da budesonida em comprimidos de matriz GG. A extensão da dissolução do fármaco dependia da concentração de galactomananase [21]. Rama Prasad et al [29] verificaram que o comprimido de indometacina com GG pode manter a sua integridade em HCl 0,1M durante 2 horas e em tampão fosfato de Sorensen (pH 7,4) durante 3 horas, libertando apenas 21% do fármaco durante estas 5 horas. A libertação do fármaco aumentou para cerca de 91% em meio com 4% de conteúdo cecal após indução enzimática em ratos. Este estudo sugere a especificidade destas matrizes para ativar a enzima no cólon para libertar o fármaco. Na ausência de um sistema enzimático, o GG incha para formar uma camada viscosa que retarda a infiltração do fluido de dissolução no núcleo. A libertação inicial de 21% pode ser atribuída à dissolução da indometacina presente na superfície do comprimido.

Os hidrogéis de goma guar preparados por mostraram degradabilidade enzimática e após incubação com в -mananase e в -galactosidase, 30-57% dos hidrogéis degradaram-se. Além disso, os hidrogéis mostraram uma libertação lenta e constante de proteínas durante um período de 24 horas em soluções tampão após uma rápida libertação de proteínas durante a primeira hora e estes hidrogéis também mostraram um pH O perfil de libertação de

GG depende do tipo de produto [30]. Ligação cruzada de GG com bórax, O glutaraldeído ou o sódio fosfatado poderiam reduzir a sua taxa de inchamento, mantendo as suas propriedades de degradação enzimática [31-35]. No caso do agente de reticulação GA, a reticulação é formada não só com uma única molécula de GA, mas também devido à polimerização do GA, pelo que foi sugerida a formação de uma cadeia reticulada maior [36,37].

4 Goma de Sterculia

A goma de Sterculia é um polissacárido de importância médica obtido a partir dos exsudados gomosos da casca de *Sterculia urens, que* pertence à família *Sterculiaceae.* A goma de Sterculia é um polissacárido complexo, ramificado, parcialmente acetilado, com um peso molecular muito elevado [38,39]. É composta por unidades estruturais de ácido glucurónico, ácido galacturónico, galactose e ramnose [40]. Após a hidrólise da goma de esterculia, foram registados aproximadamente 40% de resíduos de ácido urónico e 8% de grupos acetilo. A goma de esterculia pode ser convertida em goma solúvel em água por desacetilação química [41]. Embora até à data não tenham sido relatados efeitos secundários da goma de esterculia, o seu consumo na ausência de líquidos adequados é prejudicial. Pode ocorrer obstrução intestinal quando os pacientes tomam laxantes em massa sem ingestão excessiva de líquidos. É "geralmente reconhecida como segura" (GRAS) nos Estados Unidos [42,43].

É um laxante importante que tem sido utilizado no tratamento da obstipação, diarreia, síndrome do intestino irritável e diverticulite. A goma esterculia, devido à sua natureza hidrofílica, tem sido utilizada para controlar a libertação de fármacos em formulações. Tem sido utilizada como excipiente em formulações de medicamentos. Recentemente, Singh et al [44-48] prepararam um sistema de libertação de fármacos sensível ao pH à base de goma de esterculia. Observaram que o aumento da concentração do monómero de alimentação e do reticulador aumentava a densidade da rede, o que reduzia o inchaço dos hidrogéis. O aumento da concentração do iniciador durante as reacções de polimerização começou por diminuir e depois aumentou a dilatação dos hidrogéis à base de monómeros de ácido metacrílico e metacrilamida. Isto pode dever-se à diminuição do peso molecular das cadeias poliméricas e às suas elevadas imperfeições de rede. O aumento do teor de goma de esterculia no sistema de reação aumentou a relação entre a goma de esterculia e o monómero e o reticulante, formando uma rede de baixa densidade de reticulação e aumentando o inchaço dos hidrogéis. A natureza do meio de inchamento também afectou o inchamento das redes de polímeros. Observou-se que a dilatação dos hidrogéis à base de monómeros de ácido acrílico e acrilamida era mais elevada no tampão de pH 7,4 do que no tampão de pH 2,2, tendo-se verificado que estes hidrogéis eram sensíveis ao pH e podiam ser utilizados como sistemas de administração de fármacos específicos. O inchaço dos hidrogéis e a libertação do fármaco dos hidrogéis carregados com o fármaco ocorreram através de um mecanismo de difusão não-Fickiano. Neste mecanismo, a taxa de difusão do fármaco a partir da matriz polimérica e a taxa de relaxamento da cadeia polimérica são comparáveis. Além disso, os valores dos coeficientes de difusão indicam que, nas fases iniciais, a taxa de libertação do fármaco do polímero é mais elevada do que nas fases posteriores. Após a manutenção de uma determinada concentração, a libertação do fármaco ocorreu de forma controlada e estes hidrogéis podem, por conseguinte, ser utilizados para administrar o fármaco de forma controlada e sustentada.

5 Goma de tragacanto

A goma-tragacanto (GA) é uma exsudação gomosa seca obtida a partir dos ramos e das raízes da planta *do género Astragalus.* Na Farmacopeia Europeia, a goma adragante é definida como "os exsudados gomosos endurecidos pelo ar que fluem naturalmente ou são obtidos por incisão do tronco e dos ramos de *Astragalus gummifer* Labillardiere e de outras espécies de *Astragalus* da Ásia Ocidental". A goma de tragacanto é um polissacárido hidrofílico heterogéneo, complexo e muito ramificado, composto por duas fracções: o ácido adragântico (ou "bassorina") e a tragacantina (ou "arabinogalactana"). O primeiro é composto por uma cadeia de unidades ligadas (1-4) de ácido a-D-galacturónico (a-D-GalA) (algumas das quais substituídas no O-3 por unidades de P-D-xilopiranosilo (*P-D-Xylp*) e terminadas por *0-D-Galp* (D- Galactose) ou *a-L-Fucp* (L-Fucose)), enquanto o segundo é um arabinogalactano altamente ramificado que compreende uma cadeia central ligada (1-6) e (1-3) contendo galactose e arabinose e grupos laterais de unidades de arabinose ligadas (1-2), (1-3) e (1-5) sob a forma de monossacáridos ou oligossacáridos. Resumidamente, as unidades de repetição de ácido D-galacturónico formam a cadeia principal através de ligações 1,4 e cadeias laterais curtas constituídas por resíduos de D-xilose ligados à cadeia principal através de ligações 1,3. A L-fucose pode ser substituída por D-galactose [49-54]. As estruturas dos polissacáridos TG foram estudadas em pormenor por James e Smith [55,56] e depois por Aspinall e Baillie [57,58]. Gavlighi e colaboradores [59] estudaram a despolimerização enzimática da goma de tragacanto. Após a hidrólise, a goma adragante revelou igualmente a presença de ácido glacturónico, xilose, arabinose, galactose e fucose [60].

A goma adragante é altamente hidrofílica, não tóxica, estável numa vasta gama de pH, biocompatível, segura para consumo oral e é um polissacárido importado para uso médico. A goma adragante é utilizada como emulsionante, estabilizador e agente espessante em produtos farmacêuticos e alimentares. Possui grupos hidroxilo que podem atuar como locais activos para reacções de iniciação de polímeros de enxerto/ligação cruzada e formação de hidrogéis. Por este motivo, foi estudada a criação de um sistema de administração de medicamentos específicos para o cólon com determinados polímeros de pH específico. Singh et al [61,62] conceberam sistemas de administração de fármacos sob a forma de hidrogéis sensíveis ao pH à base de goma de tragacanto. Foi determinada a correlação entre as condições de reação e os parâmetros estruturais das redes poliméricas, tais como a fração volumétrica do polímero no estado inchado, o parâmetro de interação Flory-Huggins, o peso molecular da cadeia polimérica entre duas ligações cruzadas vizinhas, a densidade das ligações cruzadas e a dimensão da malha. O inchaço diminuiu e a densidade de ligações cruzadas aumentou com o aumento da concentração de reticulante durante a reação de reticulação. O tamanho da malha dos hidrogéis diminuiu com o aumento da concentração do agente de reticulação. No entanto, o tamanho da malha aumentou com o aumento do pH do meio de inchaço. O inchaço do hidrogel e a libertação de amoxicilina dos hidrogéis carregados com o fármaco foram observados mais no tampão de pH 7,4 do que no tampão de pH 2,2. A dilatação e a libertação do fármaco ocorreram através de um mecanismo de difusão não fickiano. Verificou-se que a libertação do fármaco dos hidrogéis segue melhor o modelo de primeira ordem. Em termos gerais, este estudo concluiu que os parâmetros da rede influenciam a libertação do fármaco da matriz polimérica e estão diretamente relacionados com o inchaço do polímero, que depende do tamanho da malha, da reticulação e da composição das redes poliméricas. Para além da libertação lenta do fármaco a partir da matriz polimérica, o hidrogel também protege o fármaco aprisionado no hidrogel do pH ácido do estômago. Liu et al [63] também referiram que o sistema de administração de fármacos específico para o cólon baseado em hidrogel permaneceu intacto ao passar pelo ambiente ácido do trato gastrointestinal superior para proteger os fármacos incorporados da degradação química e enzimática. Libertou os fármacos incorporados imediatamente após atingir o segmento do cólon do trato gastrointestinal inferior.

O polissacárido goma tragacanto (TG) é geralmente reconhecido como seguro pela Food and Drug Administration e tem sido utilizado como medicamento popular para vários problemas gastrointestinais e tem boas propriedades adesivas. Num trabalho recente, Singh e Sharma [64] tentaram explorar o seu potencial na conceção de um sistema de administração lenta de amoxicilina carregada para infecções gastrointestinais, com base em polímeros reticulados de ácido galacturónico/arabinogalactano em poli(vinilpirrolidona)-co-poli(2-acrilamido-2-metilpropano sulfónico). Estas redes de polímeros mucoadesivos foram preparadas utilizando poli(pirrolidona de vinilo) (PVP) e poli(ácido 2-acrilamido-2-metilpropano sulfónico) Poly(AMPSA). Estes polímeros foram caracterizados por SEM, FTIR, 13C-NMR, XRD, TGA/DTA/DTG, DSC e estudos de inchamento. Foram aplicados diferentes modelos cinéticos (ordem zero, primeira ordem, lei da raiz quadrada de Higuchi, modelo de Korsmeyer-Peppas e raiz cúbica de Hixson-Crowell) para o perfil de libertação do fármaco. As propriedades mecânicas, biocompatíveis e mucoadesivas dos polímeros também foram determinadas. Os parâmetros da rede polimérica, como a fração volumétrica do polímero inchado, o parâmetro de interação Flory-Huggins, o peso molecular da cadeia polimérica entre duas ligações cruzadas, a densidade das ligações cruzadas e o tamanho da malha foram avaliados no local. O tamanho da malha e o peso molecular da cadeia polimérica entre duas ligações cruzadas vizinhas do hidrogel diminuíram com o aumento da concentração do reticulante. A libertação do fármaco ocorreu através de um mecanismo de difusão não fickiano e o perfil de libertação ajustou-se melhor ao modelo de raiz quadrada de Higuchi. Observou-se que os polímeros não são trombogénicos e são mucoadesivos por natureza e podem ser utilizados em aplicações de libertação lenta de fármacos no intestino delgado. Além disso, os valores do coeficiente de difusão indicaram que, após a manutenção de uma determinada concentração, a libertação do fármaco ocorreu lentamente e de forma controlada, sem uma libertação inicial explosiva. Estes hidrogéis mostraram suficiente mucoadesão com a mucosa intestinal. Os sistemas mucoadesivos de administração de fármacos podem prolongar o efeito terapêutico e aumentar a biodisponibilidade do fármaco no local de ação, reduzindo assim a frequência de administração e os efeitos secundários do fármaco. Estes sistemas de administração de fármacos podem, por conseguinte, ser utilizados para administrar fármacos no trato gastrointestinal.

6 Pectinas

As pectinas são polissacáridos complexos extraídos comercialmente do bagaço de maçã e da casca de citrinos. A pectina é um hidrato de carbono estrutural da parede celular presente em todas as plantas superiores. A sua estrutura química heterogénea e complexa compreende uma estrutura linear de unidades de ácido D-galacturónico ligadas por ligações a-(1-4) que são interrompidas aleatoriamente por ligações a-(1-2) de L-ramnose. Nas cadeias laterais podem estar presentes outros açúcares neutros como a D-galactose, a L-arabinose, a D-xilose, a L-ramnose, a L-fucose e vestígios de 2-O-metil-fucose. Têm uma massa molar elevada, entre 50 000 e 180 000 g/mol. As pectinas são polissacáridos não tóxicos, biodegradáveis e biocompatíveis. As matrizes derivadas da pectina estão atualmente a ser investigadas e testadas para a administração controlada de medicamentos. A pectina está intacta no trato gastrointestinal superior e é degradada pela microflora do cólon. A composição desta microflora permanece relativamente constante numa população humana diversificada. Assim, os transportadores de fármacos derivados da pectina oferecem um potencial promissor para a administração de fármacos específicos do cólon [63,65-67]. A quantidade de iões de cálcio adicionada aos géis de pectina também tem um impacto na resistência dos géis e na libertação dos fármacos incorporados [68,69].

A pectina é outro polissacárido que pode ser utilizado em preparações de medicamentos dirigidas ao cólon, uma vez que permanece como agregados macromoleculares nas partes superiores do intestino delgado e é degradada pelas enzimas do cólon [70-72]. Gunter e Popeyko [73] referiram que as esferas de gel de pectinato de cálcio obtidas a partir de pectinas de cultura de calos eram sistemas promissores para a administração de medicamentos no cólon. As esferas gelificadas formaram-se instantaneamente por gelificação ionotrópica, na qual se formaram ligações cruzadas intermoleculares entre iões de cálcio divalentes e os grupos carboxilo de carga negativa das moléculas pécticas. Todas as pérolas incharam menos quando colocadas num meio ácido (meio gástrico, pH 1,25) e incharam mais nos meios intestinal (pH 7,0) e colónico (pH 7,0 + pectinase). A libertação de prednisolona foi maior no meio cólico devido à erosão enzimática dos grânulos. Os hidrogéis de pectinato de cálcio são estáveis em soluções de pH baixo e têm sido estudados como material de transporte em vários sistemas de libertação controlada [74-76]. A bioadesão é uma estratégia farmacêutica que tem sido estudada para aumentar o tempo de permanência da DDS no organismo. Outra vantagem é a possibilidade de maior contacto entre o fármaco e as membranas mucosas, o que reduz a concentração de fármaco necessária e o número de doses por dia [77]. A pectina é rica em grupos carboxílicos e capaz de interagir com grupos funcionais da camada de muco. Outra vantagem atribuída ao uso da pectina como excipiente farmacêutico é a sua propriedade adesiva, derivada da formação de ligações de hidrogénio entre os grupos carboxilo do seu polissacarídeo e os grupos hidroxilo do muco [78-80]. Villanova e colegas [81] verificaram que o aumento da concentração de pectina funcionalizada nas redes aumentou a molhabilidade dos polímeros resultantes, bem como a viscosidade sinérgica, em sistemas contendo mucina, indicando um aumento na formação de interações intermoleculares. A adição de mucina às redes resultou num aumento das forças intermoleculares e do trabalho de adesão ( ). Um critério importante para conceber e prever o comportamento adesivo dos excipientes é a sua capacidade de apresentar mucoadesão. Avaliações preliminares da capacidade adesiva de polímeros acrílicos contendo pectina modificada indicam que eles podem ser úteis no desenvolvimento de materiais bioadesivos para sistemas farmacêuticos. O desenvolvimento de novos materiais destinados a controlar a libertação de fármacos para responder a diferentes necessidades terapêuticas é um aspeto fundamental.

Neste sentido, a utilização de misturas de polímeros já conhecidos representa uma abordagem racional para a obtenção de materiais com propriedades moduladas que lhes permitam cumprir objectivos terapêuticos específicos, evitando os elevados custos associados à síntese e caraterização de materiais inteiramente novos [82]. O cólon oferece condições como um pH quase neutro, um tempo de trânsito lento e uma atividade proteolítica reduzida que o tornam um ambiente favorável para a administração de fármacos, principalmente proteínas e péptidos. O revestimento de formas de dosagem sólidas com materiais poliméricos cuja solubilidade depende do pH ou com materiais capazes de serem degradados pela microbiota do cólon são estratégias relevantes que têm sido exploradas para atingir este objetivo [83,84]. Meneguin e colaboradores [85] obtiveram filmes a partir de dispersões de amido resistente e pectina destinados à administração de fármacos no cólon pelo método de moldagem por solvente com diferentes proporções e concentrações de polímeros. O aumento da proporção de pectina e dos valores de pH promoveu a dissolução e a absorção de líquido dos filmes. As películas preparadas com uma menor concentração de polímero apresentaram uma melhor função de barreira. Todas as películas apresentaram uma elevada resistência à digestão por enzimas pancreáticas e as películas com uma baixa proporção de pectina apresentaram a menor dissolução num meio ácido. Estes resultados indicam que estas películas podem ser uma estratégia tecnológica promissora para o revestimento de formas de dosagem sólidas para administração de fármacos específicos do cólon.

7 Psyllium

Psyllium é o nome comum utilizado para vários membros do género *Plantago.* É derivado das sementes secas e maduras *de Plantago psyllium.* As sementes de Psyllium são utilizadas comercialmente para a produção de mucilagem. A mucilagem é obtida a partir do revestimento da semente através da trituração mecânica da camada exterior da semente. É um material hidrofílico fibroso branco que forma um gel mucilaginoso claro e é incolor quando absorve água. O Psyllium é utilizado principalmente como fibra alimentar. Trata-se de uma mistura complexa de polissacáridos com diferentes funções e actividades à medida que atravessam o trato gastrointestinal. O grau em que as fibras alimentares específicas exercem estes efeitos fisiológicos depende de uma mistura complexa de propriedades estruturais, químicas e físicas. Estas propriedades incluem a solubilidade, a viscosidade, a capacidade de retenção de água e a adsorção de pequenas moléculas ou iões [86]. Singh e colegas utilizaram o psílio para desenvolver um sistema de administração de medicamentos específicos para o cólon com um potencial acrescido [87-92]. Neste caso, a degradação da matriz polimérica e a libertação do fármaco no cólon podem exercer um efeito sinérgico. Como fibra alimentar, o psílio tem sido utilizado no tratamento da obstipação, diarreia, síndrome do intestino irritável, doença inflamatória intestinal, colite ulcerosa, cancro do cólon, diabetes e hipercolesterolemia. Ao carregar agentes terapêuticos nos hidrogéis formados pela modificação do psílio, podemos torná-los potenciais candidatos a problemas associados ao cólon, com um potencial acrescido. Este potencial acrescido do sistema de administração de fármacos à base de psílio pode ser desenvolvido com base no exemplo da diverticulite, que ocorre em resultado da obstipação e de infecções microbianas. Neste caso, o psílio é indiretamente responsável pelo tratamento da diverticulite, ao remediar a obstipação, e as infecções microbianas que infestam os divertículos da diverticulite serão tratadas pelo medicamento antibiótico ciprofloxacina, que será libertado pelo dispositivo de administração de medicamentos à base de psílio. Da mesma forma, a modificação do psílio, que tem propriedades anti-cancerígenas inerentes, foi conseguida para a administração de medicamentos anti-cancerígenos [93-99].

O Psyllium tem uma variedade de aplicações farmacêuticas e alimentares. A mucilagem de psílio foi avaliada quanto às suas propriedades de ligação e desintegração na formulação de comprimidos e mostrou dados de desintegração, dureza e libertação comparáveis aos do amido [100-103]. Chavanpatil e colaboradores [104,105] desenvolveram um novo sistema gastro-retentor de libertação sustentada para a ofloxacina com polímeros retardadores de libertação, como a casca de psílio, e um agente de expansão (crospovidona). Gohel e colegas [106,107] prepararam pó de casca de psyllium tratado com ácido succínico e ácido tartárico para o desenvolvimento de comprimidos de libertação modificada de diltiazem HCl utilizando a técnica de compressão direta. Estas mucilagens podem ser utilizadas como formulações de libertação sustentada e controlada [108].

8 Alginatos, compósitos e certos pró-fármacos

O alginato é um polissacárido linear solúvel em água extraído de algas castanhas e um copolímero linear composto por ácido gulurónico e ácido manurónico. O alginato é um polissacárido não tóxico com propriedades sensíveis ao pH favoráveis à administração intestinal de fármacos proteicos. A lixiviação do fármaco durante a preparação do hidrogel e a rápida dissolução do alginato a um pH mais elevado são as principais limitações, o que resulta numa eficiência muito baixa de aprisionamento e na libertação rápida do fármaco aprisionado assim que entra no intestino. Para ultrapassar estas limitações, foram incluídos na matriz de alginato outros polissacáridos naturais, como a goma de guar, o dextrano, o quitosano, etc., com um agente de reticulação para garantir a máxima eficiência de encapsulamento e a libertação controlada do fármaco. A libertação de proteínas dos hidrogéis testados foi mínima a pH 1,2 e significativamente mais elevada a pH 7,4. A presença de goma de guar e a reticulação de glutaraldeído aumentam a eficiência do encapsulamento e impedem a rápida dissolução do alginato a um pH mais elevado no intestino, assegurando a libertação controlada do fármaco encapsulado [109].

O alginato de sódio (SA) enxertado em hidrogéis de poli(glicidil metacrilato) (PGMA-g-SA) foi preparado como matrizes de administração de fármacos sensíveis ao pH para riboflavina (RF). As matrizes de copolímero de hidrogel foram comparadas com pérolas de alginato de cálcio (CA) no que respeita ao inchaço, à degradação, à eficiência de aprisionamento e à libertação *in vitro* de FR. Em geral, o GMA enxertado em SA demonstrou melhorar a eficiência do aprisionamento do fármaco e diminuir o comportamento de inchaço e degradação do transportador. Além disso, abrandou e controlou a libertação de FR do hidrogel PGMA-g-SA em comparação com as pérolas de SA puras reticuladas apenas com iões $Ca^{(2+)}$), proporcionando assim um método fácil e eficaz para melhorar os sistemas de administração de fármacos [110]. Uma matriz de polissacáridos baseada num hidrogel de alginato de cálcio (Ca(II)-Alg) e num derivado de metacrilato de dextrano (Dex-MA) demonstrou que os derivados de metacrilato das cadeias de dextrano dispersas num hidrogel de Ca(II)-Alg interagem com a estrutura em caixa de ovo do hidrogel de alginato, modificando assim de forma notável as propriedades gelificantes do alginato [111]. O metronidazol foi também aprisionado em pérolas de alginato tratadas com quitosano através de um método de gelificação ionotrópica, e as pérolas foram eficazes na erradicação da *Helicobacter pylori* quando administradas oralmente a ratos [112]. O alginato e o quitosano são biopolímeros naturais. O alginato oxidado (ADA) e o alginato oxidado misturado com quitosano (ADA-Chit) foram preparados na presença de bórax e $CaCl_2$, e as suas interações com um medicamento antifolato, a pirimetamina (PYR), foram estudadas por Vieira e colegas [113]. Sabe-se que o comportamento de interação é diferente para os dois hidrogéis à base de polissacáridos. No presente estudo, a gelificação do alginato 2,3-dialdeído com $CaCl_2$ ou quitosano/$CaCl_2$ é possível na presença de bórax, devido à capacidade do bórax para se complexar com os grupos hidroxilo do alginato, bem como à capacidade do polissacárido para formar géis através da interação com o catião divalente Ca^{2+} [114,115].

Os pró-fármacos poliméricos são conjugados de moléculas de fármacos com polissacáridos hidrofílicos [116-118]. Mehrdad [119] preparou hidrogéis sensíveis ao pH para administração colónica de pró-fármacos poliméricos do tipo metacrílico. Larrosa et al [120] estudaram a eficácia de diferentes pró-fármacos e pró-fármacos de resveratrol na melhoria da inflamação do cólon no modelo de ratinho com sulfato de dextrano sódico (DSS). O estudo mostrou que estes pró-fármacos exerciam um efeito duplo: (1) impediam o metabolismo rápido do resveratrol e forneciam maiores quantidades de resveratrol ao cólon e (2) reduziam o desequilíbrio da barreira mucosa e evitavam a diarreia, facilitando assim a ação do resveratrol fornecido à mucosa do cólon. A hidrólise lenta de pró-fármacos refractários no cólon poderia revelar-se um mecanismo eficaz de libertação sustentada. Um sistema de libertação prolongada no intestino delgado poderia basear-se em a-glicosídeos clivados por enzimas digestivas. A absorção seria então moderada pela taxa de libertação no intestino delgado, bem como pelas propriedades físico-químicas do composto original. Os esteróides testados poderiam ser úteis no tratamento da doença inflamatória intestinal. Podem ser imaginadas outras situações em que este sistema pode ser útil. A administração de certos agentes antineoplásicos ao cólon poderia ser benéfica na luta contra o cancro do cólon. Os antibióticos poderiam ser administrados especificamente no cólon através de transportadores de glicosídeos. Em cada um destes casos, a administração específica ao cólon permitiria a utilização de doses mais elevadas de agentes mais potentes com menos efeitos secundários sistémicos. Friend et al. desenvolveram um sistema de administração de medicamentos específico para o cólon com base em glicosídeos de medicamentos e na atividade única de glicosidase da microflora intestinal [121]. Os glicosídeos esteróides e a atividade única da glicosidase da microflora do cólon constituem a base de um novo sistema de administração de medicamentos específico para o cólon. Os glicosídeos de medicamentos são hidrofílicos e, por conseguinte, pouco absorvidos pelo intestino delgado. Quando um tal glicosídeo chega ao cólon, pode ser clivado por glicosidases bacterianas, libertando o fármaco livre para absorção pela mucosa do cólon. Este conceito foi ilustrado com o 21- B -D-glucósido de dexametasona e o 21- B -D-glucósido de prednisolona, dois pró-fármacos que poderiam ser úteis no tratamento da doença inflamatória intestinal. A hidrólise dos pró-fármacos pela B -glucosidase e pelo homogenato fecal in vitro libertou os esteróides livres. Estes glucósidos foram administrados por via intragástrica a ratos para determinar quando e onde os esteróides livres eram libertados. A dexametasona e a prednisolona não modificadas foram igualmente administradas por via intragástrica a ratos para comparar a absorção dos glicosídeos com a dos esteróides livres. Ambos os glucósidos atingiram o intestino inferior do rato em 4-5 horas, onde foram rapidamente hidrolisados, libertando os esteróides livres. Quando os esteróides livres 3 e 4 foram administrados por via oral, foram quase exclusivamente absorvidos no intestino delgado: menos de 1% de uma dose oral de cada um atingiu o ceco.

O processo de libertação do fármaco a partir da matriz de alginato-fármaco envolve a penetração do solvente na matriz, a gelificação do polímero, a dissolução do fármaco e a difusão do fármaco. A nistatina, um antibiótico antifúngico polieno, não foi encontrada na circulação sistémica em microesferas de alginato utilizadas como transportadores para a administração de fármacos na mucosa oral. As quantidades de nistatina retidas na mucosa foram mais do que suficientes para garantir uma ação fungicida eficaz sem danificar os tecidos. Esta libertação sustentada de AM2 pode ser devida ao ambiente do gel; sabe-se que a microestrutura do material desempenha um papel importante no comportamento de libertação do fármaco encapsulado [122].

9 Dextrano

O dextrano é sintetizado pela ação de bactérias sobre a sacarose e as enzimas segregadas pelas bactérias catalisam a conversão da sacarose em dextrose. As espécies de bactérias normalmente utilizadas para esta síntese são *Leuconostoc dextranicus e Leuconostoc mesenterioides.* Os hidrogéis à base de dextrano foram propostos para a administração de medicamentos específicos ao cólon devido à presença de enzimas digestivas no cólon. A utilização de polímeros biodegradáveis para a administração de fármacos específicos para o cólon parece ser uma abordagem mais específica do que outras abordagens. Para a administração de medicamentos, vários investigadores sintetizaram hidrogéis de dextrano de diferentes tipos e composições [123-125]. A degradação do hidrogel foi estudada in vitro utilizando a dextranase, *in vivo* em ratos e num modelo de fermentação humana. Verificou-se que, modificando a composição química dos hidrogéis, é possível controlar o grau de equilíbrio de inchamento, a resistência mecânica e a degradabilidade. Os hidrogéis de dextrano foram degradados *in vivo* no ceco do rato, mas não no estômago. Além disso, os hidrogéis de dextrano foram degradados num modelo de fermentação do cólon humano, indicando que as dextranases estão efetivamente presentes no conteúdo do cólon humano. Os resultados sugerem que os hidrogéis de dextrano são promissores como transportadores de fármacos para a administração de fármacos específicos do cólon [126]. O cólon é amplamente estudado como um local para a administração de proteínas e péptidos, que são degradados por enzimas digestivas no trato gastrointestinal superior. Além disso, a administração de medicamentos no local de ação da doença local do cólon não só reduz a dose a administrar, como também reduz os efeitos secundários [127]. Os hidrogéis de polissacáridos têm sido amplamente utilizados como um sistema de administração específico para o cólon porque se degradam nos locais visados [4].

Os hidrogéis de dextrano foram obtidos por copolimerização radicalar de dextrano metacrilado (MA-dextrano) com AAc, utilizando peroxidissulfato de amónio (APS) e N,N,N,N-tetrametiletilenodiamina (TMEDA) como sistema de iniciação em solução aquosa. O inchaço dos hidrogéis de alto grau de substituição (DS) (11,4 e 22,4) aumentou progressivamente com o cAA. Este facto deveu-se a diferenças nos potenciais químicos da água no exterior e no interior dos hidrogéis em função da AAc. No entanto, aumentos adicionais de AAc levaram a uma redução da conversão da polimerização e até à formação incompleta do hidrogel. A redução do rendimento da polimerização foi principalmente uma consequência da redução do pH e da formação de sais de AAc com TMEDA [128].

10 Amido

O amido é um polissacárido composto por unidades repetidas de 1,4-a-D-glucopiranosil e é isolado das folhas, sementes, caules, tubérculos e raízes das plantas. O amido é um material agrícola bem conhecido, versátil e pouco dispendioso, utilizado numa série de aplicações industriais. No caso dos hidrogéis de copolímero de amido/ácido metacrílico (MAAc) de diferentes composições sintetizados utilizando polimerização induzida por raios Y e reticulação. A cinética de inchamento mostrou que os hidrogéis eram mais resistentes à água e à humidade do que ao ar. A cinética de inchamento mostrou que os hidrogéis sintetizados apresentavam um comportamento de difusão Fickian a pH 1 e uma difusão não-Fickian a pH 7, o que os torna bons candidatos para sistemas de administração de fármacos específicos do cólon. Os resultados demonstraram a capacidade dos hidrogéis para reter o fármaco carregado a pH 1 e libertá-lo a pH 7. Os dados também mostraram que a taxa de libertação pode ser controlada através do controlo das condições de preparação, tais como a concentração e a composição do comonómero e a dose de irradiação [129]. 5-
Os comprimidos de ácido aminossalicílico revestidos com amido e etilcelulose mostraram resistência à libertação do fármaco no estômago e no intestino delgado e foram capazes de fornecer uma carga máxima no cólon [130].

Wang e colegas (131) referiram nanopartículas de amido num sistema de microemulsão água-óleo e as suas propriedades de administração de fármacos. Os dados do microscópio eletrónico de varrimento (SEM) revelaram que as nanopartículas de amido eram grânulos esféricos com um tamanho de cerca de 60 nm. Relativamente à propriedade de carregamento de fármaco das nanopartículas de amido, verificou-se que as condições ideais para o carregamento de fármaco e a eficiência de encapsulamento eram 2 horas, 27°C, 0,2 mg/mL de MB. O processo de libertação das nanopartículas de amido carregadas com o fármaco pode ser dividido em duas fases: uma fase inicial de libertação rápida e uma fase de libertação sustentada. Foram também registadas microesferas de amido reticulado e microesferas de comprimidos à base de amido para aplicações de administração de fármacos. De entre as várias modificações, as microesferas de amido reticulado apresentam uma elevada estabilidade contra a dilatação, o cisalhamento elevado, a temperatura elevada e as condições ácidas e têm sido os transportadores de fármacos mais estudados devido à sua biodegradabilidade completa, biocompatibilidade, estabilidade de armazenamento e relação custo-eficácia [132-134].

Sivapragasam e colegas [135] relataram revestimentos entéricos em nanoescala à base de amido e farinha de soja para administração específica no cólon. Estas nanopartículas eram estáveis em condições fisiológicas humanas simuladas. Os graus de dissolução em condições estomacais e intestinais foram inferiores a 30%. Além disso, as nanopartículas foram menos sensíveis à digestão enzimática pancreática (20%), o que também foi evidenciado pela coexistência de um motivo cristalino do tipo B. Para além dos estudos de dissolução e digestão no trato gastrointestinal superior, as nanopartículas foram submetidas a fermentação in vitro por *Bifidobacterium brevis* e *Lactobacillus casei.* Ambas as espécies apresentaram um aumento do crescimento e da atividade, produzindo ácidos gordos de cadeia curta: acetato, propionato e butiratos em quantidades variáveis.

11 Hemicelulose

A hemicelulose está presente em quase todas as plantas juntamente com a celulose. Foram preparados hidrogéis à base de hemicelulose de palha de trigo como veículo para a administração controlada de fármacos. A cinética de inchamento dos hidrogéis seguiu um processo de difusão Fickian em meios a pH 1,5, e a absorção de água foi controlada conjuntamente pelo relaxamento do hidrogel e pela difusão de água em meios a pH 7,4 e 10,0. O teste de degradação do hidrogel foi efectuado em condições fisiológicas simuladas e o teor de hemicelulose e a densidade de ligações cruzadas dos hidrogéis foram os principais factores que afectaram a biodegradabilidade dos hidrogéis à base de hemicelulose [136].

12 Goma-arábica

A goma de acácia foi definida como a goma derivada de "várias espécies do género *Acacia*, da família *Leguminosae" pela* US Food and Drug Administration. Trata-se de um polissacárido proteico complexo obtido a partir dos exsudados das árvores de acácia. O hidrogel de goma-arábica e metacrilato de glicidilo (AG- MA) apresentou uma dependência significativa do pH, o que teve um efeito considerável no mecanismo de transporte da absorção de água. Na gama de pH estudada, verificou-se que o mecanismo de absorção de água do hidrogel AG-MA é controlado pela difusão Fickian e pelo relaxamento do polímero (transporte anormal). A valores de pH mais elevados, o perfil de absorção de água tornou-se mais dependente do relaxamento do polímero. Este efeito foi atribuído ao aumento dos grupos ionizados dos segmentos de ácido glucurónico, o que contribuiu para a repulsão eletrostática entre os grupos e levou à expansão da rede polimérica do gel. A hidratação a um pH alcalino favoreceu o acesso das enzimas ao hidrogel e a subsequente degradação enzimática, resultando na libertação do fármaco aprisionado no hidrogel. Os hidrogéis AG-MA demonstraram ser sensíveis ao pH, tornando-os potenciais transportadores de fármacos poliméricos [137].

Nizam e colegas [138] prepararam hidrogéis de nanocompósitos à base de goma-arábica e álcool polivinílico por radiação gama como materiais de administração de fármacos, nos quais o perfil de absorção e libertação de prednisona. Foi investigado o efeito do pH nas propriedades de dilatação de equilíbrio, indicando que os hidrogéis nanocompósitos de PVA/GA/TiO2 são sensíveis ao pH devido à presença de goma-arábica. O estudo de libertação do fármaco dos hidrogéis de nanocompósitos de PVA/GA/TiO2 mostrou que o pH do meio de libertação era o parâmetro básico que afectava a libertação dos hidrogéis. Com base nos resultados, pode concluir-se que os perfis de libertação, ou seja, o tempo de libertação da prednisona, foram prolongados em mais de 3 horas quando incorporados em hidrogéis de nanocompósitos de PVA/GA/TiO2.

13 ₽ -Ciclodextrinas

As ciclodextrinas são oligossacáridos cíclicos sintetizados a partir do amido pela enzima ciclodextrina glucanotransferase, obtida principalmente a partir da estirpe bacteriana Bacillus macerans. As ciclodextrinas são úteis para a administração controlada de agentes terapêuticos de pequenas moléculas com perfis farmacológicos fracos. Os complexos supramoleculares de inclusão hospedeiro/convidado formados pelas ciclodextrinas modificam as propriedades físicas, químicas e biológicas das moléculas conjugadas e contribuem para a sua introdução controlada no substrato alvo. A sua utilização na libertação de fármacos tem a vantagem de melhorar a solubilidade em água, ser pouco tóxica e ter uma resposta imunitária reduzida. Estes polímeros contendo ciclodextrina melhoram a estabilidade e a solubilidade dos fármacos e reduzem a toxicidade das terapêuticas de pequenas moléculas quando utilizadas in vivo. Além disso, através da escolha de uma variedade de grupos de ligação e de ligandos-alvo, os polímeros podem permitir a administração controlada de agentes terapêuticos. As três ciclodextrinas (CDs) mais comuns que ocorrem naturalmente são a a-ciclodextrina (a-CD), a p-ciclodextrina (P-CD) e a yciclodextrina (y-CD), que consistem em seis, sete e oito unidades de D-glucopiranose, respetivamente, ligadas por uma ligação 1,4 num macrociclo. Cada ciclodextrina pode acomodar compostos hidrofóbicos ou insolúveis em água através de um mecanismo "hospedeiro-hóspede", que tem sido utilizado em aplicações dérmicas para melhorar e otimizar a administração transdérmica de medicamentos para administração local de medicamentos a camadas específicas da pele. Estes complexos de inclusão melhoram a absorção transdérmica do fármaco porque garantem uma fração solúvel do fármaco na forma não ionizada, o que melhora o coeficiente de difusão através da pele devido à alteração aparente do coeficiente de partição da molécula. Desta forma, estas moléculas permitem a utilização de veículos aquosos adequados e evitam os efeitos indesejáveis associados à utilização sistémica.

A ciclodextrina é o excipiente farmacêutico mais comum, utilizado para melhorar a solubilidade dos medicamentos. A sua capacidade de formar inclusões

com moléculas específicas depende da interação da molécula convidada com a cavidade hidrofóbica da ciclodextrina na solução aquosa.

o que aumenta a solubilidade aquosa do fármaco. Em alguns casos, uma baixa eficiência de complexação do fármaco específico exigiria uma maior quantidade de ciclodextrina, limitando a sua aplicação em formulações farmacêuticas sólidas ou líquidas. Recentemente, foram utilizadas várias estratégias envolvendo complexos ternários para alargar a capacidade de inclusão das ciclodextrinas ou para melhorar a solubilidade aquosa de fármacos convidados. Basicamente, estes agregados supramoleculares são compostos por três entidades moleculares diferentes, nomeadamente um fármaco, uma ciclodextrina e um terceiro componente, que é selecionado com o objetivo de melhorar as propriedades físico-químicas, químicas ou de transporte desejadas de um fármaco específico. As entidades moleculares selecionadas para este fim incluem várias substâncias, tais como polímeros hidrofílicos, aminoácidos, ácidos orgânicos (ácidos maleico, fumárico, cítrico e L-tartárico) e aminas orgânicas hidroxiladas. Recentemente, a auto-montagem supramolecular tem suscitado um interesse especial, uma vez que não só serve de modelo para compreender o reconhecimento molecular, como também fornece precursores para a conceção de novos materiais para aplicações em eletrónica, biologia e administração de medicamentos [139-142].

Li e colaboradores [142] descreveram hidrogéis supramoleculares injectáveis e bioabsorvíveis formados a partir de poli(óxido de etileno) (PEO) e a-ciclodextrina (a-CD) para administração controlada de medicamentos. A formação do hidrogel baseia-se na reticulação física induzida pela auto-montagem supramolecular, sem reagentes químicos de reticulação. Foi demonstrado que a cinética de gelificação depende das concentrações de polímero e a-CD, bem como do peso molecular do PEO utilizado. Os componentes dos hidrogéis supramoleculares são potencialmente biocompatíveis e não tóxicos. Os fármacos podem ser encapsulados diretamente nos hidrogéis in situ à temperatura ambiente, sem qualquer contacto com solventes orgânicos. O mecanismo para controlar a taxa de libertação de fármacos macromoleculares pode ser a erosão do hidrogel. Li e colaboradores [143] conceberam hidrogéis supramoleculares auto-montados formados por a-ciclodextrina e polímeros biodegradáveis (copolímero tribloco de poli(óxido de etileno)-poli[(r)-3-hidroxibutirato]-poli(óxido de etileno) (PEO-PHB-PEO)) para aplicações de administração controlada de medicamentos. O efeito cooperativo da complexação dos segmentos de PEO com *o-ciclodextrina* e a interação hidrofóbica entre os blocos de PHB resultaram na formação de um hidrogel supramolecular com uma rede macromolecular sólida. O perfil de libertação do fármaco modelo a partir do hidrogel mostrou que o hidrogel era adequado para a libertação controlada e sustentada a relativamente longo prazo de fármacos macromoleculares, o que muitos sistemas simples de hidrogel de copolímero tribloco não conseguiam alcançar. Verificou-se que o hidrogel é tixotrópico e reversível, podendo ser utilizado como um sistema promissor de libertação de fármacos injectáveis. Aqui, a libertação do fármaco macromolecular modelo é controlada principalmente pela dissolução e dissociação dos hidrogéis complexos, em vez de por um mecanismo de difusão.

Numerosos estudos demonstraram que as CDs são capazes de melhorar a solubilidade e a biodisponibilidade de fármacos pouco solúveis. A eficácia e a aplicabilidade das ciclodextrinas podem ser aumentadas se forem incorporadas num hidrogel de polímero [144-147]. A ligação das CDs a uma rede tridimensional evita a rápida descomplexação do fármaco que normalmente ocorre quando as soluções de CDs são diluídas em fluidos fisiológicos. As redes poliméricas altamente reticuladas feitas de monómeros vinílicos de CDs são materiais particularmente promissores para a administração controlada [148-151]. Esta estrutura tem uma capacidade notável de incluir a molécula do fármaco, que é uma interação supermolecular sem uma ligação covalente, permitindo que os CDs tenham muitas aplicações nos domínios biomédico e farmacêutico [152-155].

Recentemente, foram utilizados hidrogéis à base de p-ciclodextrina (B-CD) e polímeros naturais/sintéticos em aplicações de administração de medicamentos [156]. Os polímeros obtidos por reticulação da p-CD com um reticulador têm a capacidade de inchar e libertar o fármaco de forma controlada e sustentada [157,158]. Nestes sistemas, a libertação do fármaco é controlada por um ou mais dos seguintes processos: transporte do solvente para a matriz polimérica, inchamento do polímero associado, difusão do soluto através da matriz e erosão/relaxamento do polímero inchado. A incorporação de CDs em hidrogéis tem potencial para permitir a libertação controlada de fármacos devido à dupla funcionalidade resultante da dilatação sensível dos hidrogéis e da complexação com CDs [159-162]. A ligação covalente das CD a redes quimicamente reticuladas pode permitir que as CD utilizem plenamente a sua capacidade de complexação e, ao mesmo tempo, evitar o fenómeno de diluição que ocorre quando são administradas soluções físicas e géis. Uma vez em contacto com fluidos fisiológicos, o hidrogel incha, mas o volume de água absorvido é limitado pela rede de polímeros e, como resultado, as cadeias de polímeros não se dissolvem e separam [163,164].

Foram comunicados vários sistemas de administração de fármacos baseados em p-CD. Shan et al [165] prepararam o hidrogel sensível ao pH de CD-ácido acrílico (AAc) pelo método de irradiação. A libertação controlada de fármacos (diflunisal e fluconazol) a partir de formas de dosagem sólidas baseadas em poli(AAc) com ligações cruzadas de CD mostrou que uma complexação adequada pode modular eficazmente a cinética de libertação do fármaco [166].Das e Subuddhi [167] sintetizaram sistemas de hidrogel p-CD - goma de guar (GG) - poli(AAc) sensíveis ao pH para a libertação intestinal do agente anti-inflamatório dexametasona. A incorporação de p-CD teve pouco efeito sobre a capacidade de inchaço dos hidrogéis. Verificou-se que a taxa de libertação do fármaco depende fortemente da composição do hidrogel, em particular do teor de GG. À medida que o teor de GG aumenta, a taxa de libertação do fármaco diminui significativamente e a libertação do fármaco é prolongada. Os estudos de libertação em condições simuladas revelaram que estes hidrogéis podem ser utilizados como vectores para a administração oral de DX dirigida ao intestino. Ribeiro e colegas [168] relataram hidrogéis hidrofílicos à base de CD e poli(AAc) para a administração de fármacos antiglaucomatosos.

Kono e Teshirogi [169] relataram hidrogéis de aspirina (ASA) carregados com p-CDs enxertadas com carboximetilquitosana (CD-g-CMCs). A quantidade de ASA absorvida nos hidrogéis aumentou à medida que a quantidade de CD incorporada nos hidrogéis aumentou. Além disso, os hidrogéis de CD-g-CMC também resultaram numa libertação mais lenta do ASA aprisionado em comparação com o perfil de libertação de ASA de um hidrogel contendo apenas CMC. Pensa-se que vários factores diferentes estão envolvidos na formação do complexo entre o fármaco e os hidrogéis:

ligação hidrofóbica-hidrofóbica (van der Waals), ligação de hidrogénio e ligação de hidrogénio entre as metades polares do ASA e as moléculas de água de alta energia libertadas da cavidade CD do hidrogel durante a formação do complexo. A taxa de libertação de ASA da CD-g-CMC durante as experiências de libertação foi bastante rápida durante o período inicial de 2 horas. Esta libertação abrupta foi atribuída ao ASA livre que permaneceu na superfície e no interior do hidrogel e/ou ao ASA que interage fracamente com os hidrogéis de CD-g-CMC através de ligações de hidrogénio [169171]. Após esta explosão inicial, o ASA foi libertado de forma sustentada. Esta libertação lenta de ASA dos hidrogéis de CD-g-CMC foi atribuída à formação de um complexo hospedeiro-hóspede entre o ASA e a cavidade da CD no hidrogel de CD-g-CMC. Volet e Amiel [172] prepararam o terpolímero p-CD solúvel em água enxertando diferentes quantidades de p-CD no poli[(éter metil vinílico)-alt-(ácido maleico)] para formar poli[(éter metil vinílico)-alt-(ácido maleico)]-g-p-CD.

Chen e colegas [173] prepararam hidrogéis sensíveis ao pH a partir de PEG e AAc enxertados com p-CD, utilizando um método de irradiação para a libertação de 5-fluorouracilo (5-FU) num local específico. Em comparação com o hidrogel de poli(AAc), os resultados mostraram que o tempo de libertação de 5-FU do hidrogel contendo p-CD foi prolongado. Este facto pode ser atribuído à formação de complexos de inclusão entre as moléculas do fármaco e os grupos de ciclodextrina. Um complexo de inclusão semelhante entre 5-FU e p-CD foi relatado para hidrogéis de p-CD/celulose preparados por reticulação com epicloridrina [174]. dos Santos e colaboradores [175] prepararam copolímeros de metacrilato de hidroxietilo (HEMA) com um derivado metacrilado de p-CD para obter hidrogéis com propriedades mecânicas e de libertação de fármaco ajustáveis para lentes de contacto moles medicadas. Estes hidrogéis foram carregados com hidrocortisona e acetazolamida, fármacos capazes de formar complexos com CDs em água e fluido lacrimal. Os hidrogéis mostraram uma libertação sustentada do fármaco durante vários dias e a taxa de libertação do fármaco dependeu do teor de p-CD dos hidrogéis. A utilização de ciclodextrinas permite um controlo ainda melhor da libertação do fármaco do que o observado nas lentes de contacto preparadas com hidrogéis de poli(HEMA) puro [176].

Zang e colegas [177] prepararam hidrogéis de rede polimérica semi-interpenetrantes compostos por p-CD e poli(N-isopropilacrilamida) para administração de propranolol. Os resultados da libertação do fármaco mostraram que o tempo de libertação do propranolol do gel contendo CD era mais longo do que o do hidrogel de poli(NIPAAm) normal. Estas propriedades melhoradas de libertação do fármaco podem dever-se à formação de complexos de inclusão entre as moléculas do fármaco e os grupos de ciclodextrina. O monómero p-CD modificado com metacrilato foi sintetizado a partir da reação entre p-CD e glicidilmetacrilato (GMA) e os seus hidrogéis foram preparados por polimerização fotoiniciada. Os estudos de libertação mostraram que a capacidade de formação de complexos de inclusão da porção p-CD aumentou a libertação de ibuprofeno, melhorando a solubilidade aquosa do fármaco. Os hidrogéis contendo p-CD permitem a dispersão molecular de fármacos hidrofóbicos numa rede hidrofílica e asseguram uma boa libertação do fármaco [178].

Rodriguez-Tenreiro et al [179] referiram que a reticulação de hidroxipropil-p-ciclodextrina (HPpCD) com éter diglicídico de etilenoglicol (EGDE) em dispersões de carbopol permitiu a síntese de hidrogéis de ciclodextrina com domínios de microgel acrílico interpenetrados (micro-scale-IPNs) numa única etapa e em condições moderadas. À medida que a proporção de carbopol aumenta, a dureza e a compressibilidade dos ms-IPNs diminuem, mas a sua força de bioadesão e reatividade ao pH aumentam. A afinidade do fármaco com o HPpCD permitiu manter a libertação durante vários dias, dependendo a taxa também do teor de carbopol e do pH do meio. A libertação do fármaco ciclodextrina a partir de lipossomas dispersos num gel bioadesivo mostrou que a difusão do fármaco no gel era influenciada pela concentração de carbopol e que o gel não apresentava erosão [180].

Blanco-Fuente et al [181] referiram a utilização de p-CD para evitar alterações nas propriedades dos hidrogéis de carbopol devido a interações carbopol-fármaco. Glisoni et al [182] prepararam dois tipos de redes hidrofílicas com p-CD conjugado como plataformas úteis para a libertação localizada de um agente antimicrobiano no olho e a sua potencial aplicação em doenças oftálmicas. Testes microbiológicos contra *P. aeruginosa* e *S. aureus* confirmaram a capacidade da rede carregada com o fármaco para inibir o crescimento bacteriano. Em geral, a adição de grupos funcionais hidrofílicos a hidrogéis de polissacáridos pode ter muitos efeitos benéficos nas propriedades do hidrogel e pode melhorar a sua aplicabilidade. Além disso, os hidrogéis que contêm p-CD podem prolongar a libertação do fármaco de forma controlada e sustentada.

A taxa de libertação de iões fosfato dos grânulos de fertilizante fosfatado revestidos com quitosano foi controlada ajustando a espessura das camadas de revestimento. A tendência de libertação de iões fosfato com diferentes números de revestimentos mostrou que os grânulos com revestimento triplo apresentavam a menor concentração de iões fosfato na solução aquosa, seguidos pelos grânulos com revestimento duplo e simples. Quanto mais espessa for a camada de revestimento, menor será a taxa de libertação de fosfato. Isto deve-se ao facto de se formar um caminho de resistência mais longo, impedindo que o nutriente se difunda a partir do centro do granulado. Os grânulos podem, por conseguinte, ser concebidos de modo a que a espessura da camada siga a taxa predeterminada ou desejada pelo cliente, reduzindo os resíduos e minimizando os problemas associados à lixiviação de nutrientes [183].

Das et al [184] prepararam hidrogéis de quitosano/PVA sensíveis ao pH para a libertação lenta de um potente fármaco anti-inflamatório não esteroide, o naproxeno. O fármaco e o complexo de inclusão de ciclodextrina foram colocados na matriz polimérica. Os resultados mostraram que a libertação do fármaco foi insignificante no fluido gástrico simulado e sustentada no fluido intestinal. Foi também revelado que a ciclodextrina influenciou a taxa de relaxamento das cadeias poliméricas, resultando numa libertação mais lenta do fármaco. Os estudos de inchamento mostraram que o polímero sofre uma hidratação rápida e significativa, o que pode ser devido ao relaxamento rápido das cadeias do hidrogel seguido da difusão de água. Assim, a libertação do fármaco a partir destes hidrogéis é controlada principalmente pela taxa de relaxamento das cadeias de polímero. Isto deve-se quer à ligação H entre a ciclodextrina e a matriz do hidrogel quer, em certa medida, à reticulação da ciclodextrina na presença de um reticulador [185]. A adição do complexo fármaco/ciclodextrina também reduz a taxa de libertação do fármaco dos hidrogéis. A taxa de difusão no gel é mais lenta do que para os fármacos de pequenas moléculas, provavelmente devido aos seus volumes exclusivos mais elevados, à baixa solubilidade em água e às ligações de hidrogénio [185,186]. As ciclodextrinas são também utilizadas como solubilizadores farmacêuticos. Em comparação com outros hidrogéis físicos, estes hidrogéis supramoleculares carregados com vários fármacos terapêuticos são mais fáceis de formar e modular em condições moderadas [187]. Entre eles, foram registados hidrogéis supramoleculares resultantes da complexação de inclusão [142,188-195].

14 Ácido hialurónico

O ácido hialurónico (AH), ou hialuronano, é um tipo de glicosaminoglicano (GAG) com unidades dissacarídicas repetidas (ácido a-1,4-D-glucurónico e p-1,3- N-acetil-D-glucosamina). A HA tem sido amplamente estudada e aplicada como biomaterial para a administração de medicamentos e proteínas. Os hidrogéis de HA com caraterísticas controláveis e propriedades injectáveis foram sempre muito procurados como biomateriais aplicados em vários campos biomédicos [196-198]. A HA foi funcionalizada com vários agentes bioactivos, como a doxorrubicina, o paclitaxel, o taxol, o metotrexato e a curcumina [199]. Bian e colegas [200] relataram as diferentes composições de hidrogéis de auto-reticulação do derivado tiol do ácido hialurónico (HA-SH) e aplicaram-nos como um suporte tridimensional para imitar a matriz extracelular nativa (ECM) para fibroblastos (L929) e cultura de células de condrócitos. O hidrogel de HA-SH foi obtido por um único processo de 80

O produto é composto por ácido hialurónico tiolado (HA-SH) e é formado pelo processo de auto-reticulação da ligação dissulfureto derivada de dois grupos tiol livres. Não foram adicionados ou produzidos aditivos químicos, agentes de reticulação citotóxicos ou subprodutos durante o processo de preparação. Os resultados mostraram que o tempo de gelificação e degradação dos hidrogéis podia ser controlado através do ajuste do componente de polímero HA-SH.

15 Quitosano

O quitosano é um polímero natural biocompatível, biodegradável, seguro e não tóxico. Estas caraterísticas únicas tornam-no potencialmente útil numa variedade de aplicações nas indústrias alimentar e farmacêutica [201,202]. É o segundo polímero natural mais abundante, obtido a partir das carapaças de caranguejos, camarões, etc. É obtido por des-N-acetilação da quitina. Trata-se de um polissacárido linear composto por в (1-4)-2-amino-2-desoxi-D-glucose [203].

As propriedades de solução de um quitosano dependem não só do seu grau médio de acetilação, mas também da distribuição dos grupos acetilo ao longo da cadeia principal, para além do peso molecular [204]. Pode ser convertido em várias formas, como esferas, películas, hidrogéis ou partículas, devido à sua natureza catiónica e solubilidade sensível ao pH [205]. A multiplicidade de locais catiónicos formados devido à protonação de grupos amino por ácidos ao longo da cadeia do quitosano aumenta a sua solubilidade através do aumento da polaridade e do grau de repulsão eletrostática [206].

O quitosano tem sido utilizado numa série de aplicações médicas, como lentes de contacto, agentes hemostáticos, implantes ortopédicos, estruturas de engenharia de tecidos, anticoagulantes sistémicos, pensos para feridas e formulações para administração de medicamentos [207-209]. Tem um efeito regenerativo no tecido conjuntivo e acelera a formação de osteoblastos responsáveis pela formação óssea [210]. Os pensos à base de quitosano reduzem o tecido cicatricial (fibroplasia) através da inibição da formação de fibrina nas feridas. Afecta a atividade dos macrófagos, o que influencia o processo de cicatrização de feridas [211].

Pensa-se que a ação hemostática do quitosano ocorre de três formas possíveis: sorção do plasma, coagulação dos eritrócitos e adesão, agregação e ativação das plaquetas. O quitosano absorve cerca de 50 a 300% de líquido em relação ao seu peso inicial, o que leva à agregação das plaquetas e dos eritrócitos no local da ferida. Na presença de quitosano, a aglutinação dos eritrócitos aumenta devido à ligação cruzada dos eritrócitos à cadeia polimérica do quitosano [212]. Também tem sido utilizado no tratamento de queimaduras [213]. O quitosano e o quitosano modificado têm sido utilizados para preparar uma rede semi-interpenetrante para aplicações biomédicas [214,215]. Foram comunicados sistemas de administração de medicamentos à base de quitosano-carbopol, quitosano-alginato de sódio, quitosano-carragenina e quitosano-carboximetilcelulose [216,217].

A adição de polissacáridos, como o quitosano, afecta as propriedades biomédicas dos pensos de hidrogel. Num estudo, a incorporação de quitosano diminuiu a fração de gel e a resistência à tração dos hidrogéis de quitosano-PVA, mas aumentou a capacidade de inchaço, a taxa de transmissão de vapor de água, a elasticidade e a porosidade dos hidrogéis. O fármaco não teve praticamente qualquer efeito nas propriedades de gel dos hidrogéis. Sung et al [218] relataram que os pensos de quitosano/PVA carregados com minociclina melhoraram a cicatrização de feridas em comparação com o controlo de gaze, hidrogel sem fármaco e pensos convencionais. Noutro caso, a fim de obter uma matriz polimérica biocompatível e estéril que pudesse ser utilizada simultaneamente como material de penso e sistema de administração controlada de fármacos, foram preparadas membranas de hidrogel à base de quitosano e metacrilato de hidroxietilo (HEMA) com e sem amoxicilina utilizando um método de irradiação. Foi demonstrado que a quantidade de fármaco libertado depende da reticulação da rede da membrana devido à composição da membrana, à irradiação e à espessura [219].

A copolimerização por enxerto de monómeros vinílicos em quitosano pode introduzir propriedades desejáveis e alargar a gama de aplicações potenciais. A copolimerização de enxerto pode ser iniciada por diferentes sistemas de iniciadores [220-222].

O enxerto de quitosano permite a formação de derivados funcionais através da ligação covalente de uma molécula, o enxerto, ao esqueleto de quitosano. O quitosano possui dois tipos de grupos reactivos que podem ser enxertados. Em primeiro lugar, grupos amina livres nas unidades desacetiladas e, em segundo lugar, grupos hidroxilo nos carbonos C3 e C6 das unidades acetiladas ou desacetiladas. Para melhorar as propriedades de cicatrização de feridas, foram desenvolvidos materiais à base de quitosano com diferentes tipos de polímeros, como alginato, gelatina, álcool polivinílico, polietilenoglicol (PEG) e metacrilato de 2-hidroxietilo (HEMA) [223].

5 Conclusões e perspectivas

De um modo geral, concluiu-se que a administração de fármacos no cólon com objectivos específicos garantiria um tratamento direto no local da doença, uma dosagem mais baixa e menos efeitos secundários sistémicos. Para além da terapia local, o cólon pode também ser utilizado como um portal para os medicamentos que entram na circulação sistémica. Por exemplo, as moléculas que são degradadas ou mal absorvidas no intestino superior, como os péptidos e as proteínas, podem ser melhor absorvidas no ambiente mais benigno do cólon. Os sistemas de administração oral no cólon devem atrasar a libertação do fármaco no estômago e permitir a sua libertação completa no cólon.

Além disso, os hidrogéis à base de polissacáridos são excelentes materiais para o desenvolvimento de sistemas de administração de fármacos orientados para o cólon, mas a natureza da espinha dorsal do polissacárido, o monómero e a concentração do agente de reticulação influenciam as caraterísticas do hidrogel e os subsequentes dispositivos de administração de fármacos. Em geral, a adição de grupos funcionais aniónicos hidrofílicos aos hidrogéis de polissacarídeos pode ter muitos efeitos benéficos nas propriedades do hidrogel e pode melhorar a sua aplicabilidade em sistemas de administração de fármacos específicos do cólon. Embora a função dos sistemas de administração de fármacos à base de hidrogéis de polissacáridos seja bem compreendida, há ainda questões práticas a resolver. Além disso, os novos processos de fabrico vão revolucionar a conceção, o desenvolvimento e o desempenho dos sistemas de administração de medicamentos à base de polímeros.

sistemas de administração de medicamentos. Um dos principais desafios para o futuro será identificar tecnologias capazes de contornar as complexas barreiras biológicas conhecidas por limitar a biodisponibilidade dos medicamentos. Graças a um

Ao compreender as barreiras biológicas, podem ser desenvolvidos materiais avançados como parte de uma estratégia de desenvolvimento sustentável.

suportes e dispositivos para a administração de produtos farmacêuticos. A criação de

O desenvolvimento de sistemas inteligentes e sensíveis a estímulos que reajam a alterações subtis no ambiente celular local deverá proporcionar soluções a longo prazo para muitos problemas de saúde pública.

problemas actuais na administração de medicamentos. Nas últimas décadas, a ciência dos polímeros tem desempenhado um papel crucial no desenvolvimento de novos sistemas de administração de medicamentos. Os avanços futuros basear-se-ão na modificação das propriedades químicas e físicas do polímero e na criação de novas combinações de copolímeros com componentes específicos e bioreactivos que podem fornecer uma grande variedade de agentes bioactivos. O programa de toxicologia não clínica necessário para a aprovação de polímeros em sistemas de administração de medicamentos depende do nível de exposição do sujeito ao polímero e ao produto final.

6 Referências

[1] G. Van den Mooter, C. Samyn, R. Kinget. Polímeros azóicos para administração de medicamentos específicos ao cólon. II, Influência do tipo de polímero azo na degradação pela microflora intestinal. International Journal of Pharmaceutics 1993, 97, 133-9.

[2] A. Gazzaniga, P. Iamartino, G. Maffione, M.E. Sangalli. Sistema oral de libertação retardada para administração específica no cólon. International Journal of Pharmaceutics 1994, 108, 77-83.

[3] L.M.L. Stolk, R. Rietbroek, E.H. Wiltink, J.J. Tukker. Perfis de dissolução de formulações de mesalazina in vitro. Pharm Weekble Sci 1990, 12(5), 200-4.

[4] V.R. Sinha, R. Kumria. Polysaccharides in colon-specific drug delivery. International Journal of Pharmaceutics 2001, 224, 19-38.

[5] L.B. Yang, J.S. Chu, J.A. Fix. Administração de medicamentos específicos para o cólon, novas abordagens e avaliação in vitro/in vivo. International Journal of Pharmaceutics 2002, 235, 1-15.

[6] V.R. Sinha, R. Kumria. Microbe-triggered colonic drug delivery. Eur J Pharm Sci 2003, 18, 3-18.

[7] C. Alvarez-Lorenzo, B. Blanco-Fernandez, A.M. Puga, A. Concheiro.

Polissacarídeos iónicos reticulados para entrega de medicamentos sensíveis a estímulos. Revisões avançadas de entrega de medicamentos 2013, 65, 1148-71.

[8] C. Zhang, J. Chen, F-Q. Yang. Konjac glucomannan, um polissacarídeo promissor para OCDDS. Polímeros de carboidratos 2014, 104, 175-81

[9] G.J. Li, L. Qi, A.P. Li, R. Ding, M.H. Zong. Estudo sobre a cinética de degradação enzimática de um polissacárido natural, glucomanano de konjac. Macromol Symp 2004, 216, 165-78.

[10] K. Patel-Parul, S. Satwara-Rohan, S.S. Pandya. Biopolímeros auxiliados por bactérias como transportadores para o sistema de entrega de medicamentos específicos do cólon, uma revisão. Jornal Internacional de FarmacêuticaTech Res 2012, 4, 1192-214.

[11] Z.L. Liu, H. Hu, R.X. Zhuo. Hidrogéis de ácido acrílico de enxerto de glucomanano de konjac contendo reticulador azo para entrega específica de cólon. J Polym Sci A Polym Chem 2004, 42, 4370-8.

[12] L.G. Chen, Z.L. Liu, R.X. Zhuo. Síntese e propriedades de hidrogéis de glucomanano de konjac degradáveis enxertados com ácido acrílico para administração de medicamentos específicos do cólon. Polymer 2005, 46, 6274-81.

[13] X. Wen, X.L. Cao, Z.H. Yin, T. Wang, C.S. Zhao. Preparação e caraterização de hidrogéis IPN de glucomanano de konjac-poli (ácido acrílico) para libertação controlada. Carbohydrate Polymers 2009, 78, 193-8.

[14] J. Wang, C. Liu, Y. Shuai, X.Y. Cui, L. Nie. Liberação controlada de drogas anticâncer usando óxido de grafeno como um efetor de ligação a drogas em hidrogéis de glucomanano de konjac / alginato de sódio. Colloids and Surfaces B Biointerfaces 2014, 113, 223-9.

[15] F. Alvarez-Mancenido, M. Landin, R. Martinez-Pacheco. Misturas binárias sensíveis à enzima de glucomanano de konjac/goma xantana para administração de medicamentos no cólon. European Journal of Pharmaceutics and Biopharmaceutics 2008, 69, 573-81.

[16] I.C. Alupei, M. Popa, M. Hamcerencu, M.J.M. Abadie. Hidrogéis superabsorventes à base de xantana e poli (álcool vinílico), 1. O estudo das propriedades de inchaço. European Polymer Journal 2002, 38, 2313-20.

[17] A. Bejenariu, M. Popa, D. Le Cerf, L. Picton. Hidrogéis de xantana de rigidez, síntese, caraterísticas de inchaço e propriedades de libertação controlada. Polymer Bulletin 2008, 61,631-41.

[18] M. Hamcerencu, J. Desbrieres, M. Popa, G. Riess. Hidrogéis de derivados de xantana/N-isopropilacrilamida sensíveis a estímulos, influência do agente de reticulação nas propriedades da rede de polímeros interpenetrantes. Biomacromolecules 2009, 10, 1911-22.

[19] R.C. Mundargi, S.A. Patil, T.M. Aminabhavi. Avaliação de comprimidos de matriz de copolímero de goma xantana enxertada com acrilamida para administração controlada oral de medicamentos anti-hipertensivos. Carbohydrate Polymers 2007, 69, 130-41.

[20] Y. Cheng, K.M. Brown, R.K. Prudhomme. Caracterização e interações intermoleculares de soluções de hidroxipropilguar. Biomacromolecules 2002, 3, 456-61.

[21] D. Wong, S. Larabee, K. Clifford, J. Tremblay, D.R. Friend. USP dissolution apparatus III (reciprocating cylinder) for screening of guar-based colonic delivery formulations. Journal of Controlled Release 1997, 47, 173-9.

[22] A. Das, S. Wadhwa, A.K. Srivastava. Discos de hidrogel de goma guar reticulada para administração específica de ibuprofeno no cólon, Formulação e avaliação in vitro. Drug Deliv 2006, 13, 139-42.

[23] M. Chaurasia, M.K. Chourasia, N.K. Jain, A. Jain, V. Soni, Y. Gupta, S.K. Jain. Microesferas de goma guar reticuladas, uma abordagem viável para melhorar a administração de medicamentos anticancerígenos para o tratamento do cancro colorrectal. AAPS PharmSciTech 2006, 7, E143-E151.

[24] Y.S.R Krishnaiah, S. Satyanarayana, Y.V.R. Prasad, S.N. Rao. Avaliação da goma de guar como revestimento de compressão para direcionar o medicamento para o cólon. International Journal of

Pharmaceutics 1998, 171, 137-46.
[25] X. Li, W. Wu, J. Wang, Y. Duan. O comportamento de inchaço e os parâmetros de rede de hidrogéis de rede de polímeros semi-interpenetrantes de goma guar/poli(ácido acrílico). Carbohydrate Polymers 2006, 66, 473-9.
[26] Y. Huang, H.Yu, C. Xiao. Hidrogéis polielectrólitos de goma de guar catiónica/poli (ácido acrílico) sensíveis ao pH, inchaço e libertação de fármacos in vitro. Carbohydrate Polymers 2007, 69, 774-83.
[27] K.S. Soppimath, A.R. Kulkarni, T.M. Aminabhavi. Microgéis aniónicos rosslinked à base de poliacrilamida-goma de goma quimicamente modificada como sistemas de administração de fármacos sensíveis ao pH, preparação e caraterização. Journal of Controlled Release 2001, 75, 331-45.
[28] P.B. Kajjari, L.S. Manjeshwar, T.M. Aminabhavi. Novas microesferas de hidrogel de rede polimérica interpenetrante de quitosano e poli (acrilamida) - goma enxertada-guar para libertação controlada de ciprofloxacina. Pesquisa em Química Industrial e de Engenharia 2011, 50, 13280-7.
[29] Y.V. Rama Prasad, Y.S.R. Krishnaiah, S. Satyanarayana. Avaliação in vitro da goma de guar como veículo para a administração de medicamentos específicos do cólon. Journal of Controlled Release 1998, 51, 281-7.
[30] H. Kono, F. Otaka, M. Ozaki. Preparação e caraterização de hidrogéis de goma guar como materiais transportadores para entrega controlada de medicamentos proteicos. Polímeros de carboidratos 2014, 111, 830-40.
[31] K.S. Soppirnath, A.R. Kulkarni, T.M. Aminabhavi. Libertação controlada de fármacos anti-hipertensivos a partir da rede interpenetrante de microesferas de hidrogel de poli(álcool vinílico)-goma guar. J Biomater Sci Polym Ed 2000, 11, 27-43.
[32] I. Gliko-Kabir, B. Yagen, M. Baluom, A. Rubinstein. Guar fosfatada reticulada para administração de fármacos específicos do cólon I. Preparação e caraterização físico-química. Journal of Controlled Release 2000, 63, 121-7.
[33] I. Gliko-Kabir, B. Yagen, A. Penhasi, A. Rubinstein. Guar biodegradável de baixo inchaço e sua potencial utilização como transportador de

medicamentos específicos para o cólon. Pharmaceutical Research 1998, 15, 1019-25.

[34] A. Rubinstein, I. Gliko-Kabir. Síntese e degradação enzimática dependente do inchaço da goma de guar modificada com bórax para administração colónica. S.T.P. Pharma Sciences 1995, 5, 41-6.

[35] A. Rubinstein, B. Tirosh. Mucus thickness and turnover in the gastrointestinal tract of the rat, response to cholinergic stimulus and implication for mucoadhesion. Pharmaceutical Research 1994, 1179, 4-20.

[36] P.B. Kajjari , L.S. Manjeshwar, T.M. Aminabhavi. Microesferas de gelatina e hidroxietilcelulose misturadas com rede de polímeros semi-interpenetrantes para libertação controlada de teofilina. Pesquisa em Química Industrial e de Engenharia 2011, 50, 7833-40.

[37] O.A.C. Monteiro, C. Airoldi. Alguns estudos da interação quitosan_glutaraldeído em sistema homogéneo. Revista Internacional de Macromoléculas Biológicas 1999, 26, 119-28.

[38] J.V. Kubal, N. Gralen. Propriedades físico-químicas da goma karaya e da mucilagem de alfarroba. Journal of Colloid Science 1948, 3(5), 457-471.

[39] D.L. Cert, F. Irinei, G. Muller. Propriedades de solução de exsudados de goma de *Sterculia urens* (goma karaya). Carbohydrate polymers 1990, 13(4), 375-386.

[40] W. Meer. *Gum karaya;* In: Handbook of water-soluble gums and resins. R.L. Davidson (Ed.); McGraw-Hill, Nova Iorque, 1980, pp. 10-11.

[41] A. Nussinovitch. Hydrocolloid Applications: Gum technology in the food and other Industries, 1st Edition, A. Nussinovitch (Ed.); Blackie Academics & Professionals, Chapman & Hall, London, UK, 1997, pp.134-138.

[42] A. Imeson, *Exudate gums ;* In : Thickening and gelling agents for food, 2$^{(nd)}$ Edition, A. Imeson (Ed.) ; Blackie- An Aspen Publications, Glasgow, **1997,** pp.109-117.

[43] D.M.W. Anderson. Provas da segurança da goma karaya (Sterculia spp.) como aditivo alimentar. Food Additives & Contaminants : Parte A. 1989, 6(2),

189199.

[44] B. Singh, N. Sharma. Projeto de um sistema de administração de medicamentos antidiarreicos com duplo potencial baseado em goma de esterculia. Colloids and Surfaces B Biointerfaces 2011, 82, 325-32.

[45] B. Singh, N. Sharma. Mechanistic implication for crosslinking in sterculia based hydrogels and their use in GIT drug delivery. Biomacromolecules 2009, 10, 2515-32.

[46] B. Singh, N. Sharma. Desenvolvimento de novos hidrogéis por funcionalização da goma de sterculia para a administração de fármacos anti-úlcera.
Carbohydrate Polymers 2008, 74, 489-97.

[47] B. Singh, N. Sharma. Síntese e caraterização de um sistema de administração de fármacos sensível ao pH baseado em goma de esterculia para o tratamento do cancro do cólon. Jornal de Ciências Macromoleculares A Química Pura e Aplicada 2008, A45, 1-15.

[48] B. Singh, N. Sharma. Modificação da goma de esterculia com ácido metacrílico para preparar um novo sistema de administração de medicamentos. Jornal Internacional de Macromoléculas Biológicas 2008, 43, 142-150.

[49] W. Weiping. Tragacanto e karaya (capítulo 13). Em: Handbook of hydrocolloids. Philips, G.O., Williams, P.A. (Eds.); Cambridge: Woodhead, 2000, pp. 231-245.

[50] Y. Lo Apez-Franco, I. Higuera-Ciapara, F.M. Goycoolea, W. Wang. Outros
exsudados: tragancanto, karaya, goma de mesquite e madeira de lariço arabinogalactano (capítulo 18). In: Handbook of hydrocolloids, segunda edição. Philips, G.O., Williams, P.A. (Eds.) ; CRC press, Cambridge : Woodhead Publishing Limited, 2009, pp. 495-534.

[51] I.A. Khan, E.A. Abourashed. Goma tragacanto. In: Leung's Encyclopedia of common natural ingredients used in food, drugs, and cosmetics, (terceira

edição). John Wiley and Sons, Nova Iorque. 2009, pp. 601-603.

[52] P.A. Williams, G.O. Phillips, A.M. Stephen, S.C. Churms. Gomas e mucilagens (Capítulo 13). In: Food polysaccharides and their applications, segunda edição. A.M. Stephen, G.O. Phillips, P.A. Williams (Eds.); CRC Press, Taylor & Francis Group, Boca Raton, FL, 2006, pp. 455-496.

[53] S. Balaghi, M.A. Mohammadifar, A. Zargaraan. Caracterização físico-química e reológica de exsudados de goma tragacanto de seis espécies de *Astragalus* iraniano. *Food* Biophysics 2010, 5, 59-71.

[54] M.A. Mohammadifar, S.M. Musavi, A. Kiumarsi, P.A. Williams. Propriedades de solução da targacantina (parte solúvel em água do exsudado de goma tragacanto de *Astragalus gossypinus).* Jornal Internacional de Macromoléculas Biológicas 2006, 38, 31-39.

[55] S.P. James, F. Smith. 193. A química do tragacanto. I. Tragacanthic acid. Journal of the Chemical Society 1945a, 739-746.

[56] S.P. James, F. Smith. 195. A química do tragacanto. III. Journal of the Chemical Society 1945b, 749-751.

[57] G.O. Aspinall, J. Baillie. 318. Tragacanto. I. Fracionamento da goma e estrutura do ácido tragacântico. Journal of the Chemical Society 1963, 308: 1702-1714.

[58] G.O. Aspinall, J. Baillie. 319. Tragacanto. II. The arabinogalactan. Journal of the Chemical Society 1963, 308: 1714-1721.

[59] H.A. Gavlighi, M. Michalak, A.S. Meyer, J.D. Mikkelsen. Despolimerização enzimática da goma tragacanto: potencial bifidogénico de oligossacáridos de baixo peso molecular. Jornal de Química Agrícola e Alimentar 2013, 61, 1272-1278.

[60] M. Groftl, S. Harrison, I. Kaml, E. Kenndler. Caracterização de polissacáridos naturais (gomas vegetais) utilizados como meios de ligação para obras artísticas e históricas por eletroforese capilar de zona. Journal of Chromatography A 2005, 1077, 80-89.

[61] B. Singh, V. Sharma. Influência dos parâmetros da rede polimérica de

hidrogéis reactivos ao pH à base de tragacanto na administração de medicamentos. Carbohydrate Polymers 2014, 101, 928-40.

[62] B. Singh, V. Sharma. Estudo de correlação de parâmetros estruturais de polímeros bioadesivos na conceção de um sistema de entrega de medicamentos sintonizável. Langmuir 2014, 30, 8580-8591.

[63] L.S. Liu, M.L. Fishman, J. Kost, K.B. Hicks. Sistemas à base de pectina para administração oral de medicamentos específicos do cólon. Biomaterials 2003, 24, 3333-3343.

[64] B. Singh, V. Sharma. Conceção de polímeros reticulados de ácido galacturónico/arabinogalactano poli(vinilpirrolidona)-copolímero(2-acrilamido-2-metilpropano sulfónico): Síntese, caraterização e aplicação de entrega de medicamentos. Polímero 2016, 91, 50-61.

[65] M. Ashford, J. Fell, D. Attwood, H. Sharma, P. Woodhead. An evaluation of pectin as a carrier for drug targeting to the colon. Journal of Controlled Release 1993, 26, 213-20.

[66] P.J. Watts, L. Illum. Colonic Drug Delivery. Drug Development and Industrial Pharmacy 1997, 23, 893-913.

[67] P. Sriamornsak. Aplicação de pectina na administração oral de medicamentos. Opinião de especialistas em administração de medicamentos 2011, 8, 1009-23.

[68] E.R. Morris, R.K. Richardson, L.J.Taylor. Correlação da textura percebida de soluções de polissacarídeos em bobinas aleatórias com parâmetros objectivos. Carbohydrate Polymers 1984, 4, 175-91.

[69] C.D. May. Pectinas industriais, fontes, produção e aplicações. Carbohydrate Polymers 1984, 12, 79-99.

[70] R.K. Dev. V. Bali, K. Pathak. Novo sistema de entrega específico do cólon desencadeado por micróbios para 5-Fluorouracil: estatística, in vitro, in vivo, otimização citotóxica e avaliação da estabilidade. International Journal of Pharmaceutics 2011, 411, 142-151.

[71] D.R. Friend. Novos sistemas de administração oral para o tratamento da

doença inflamatória intestinal. Advanced Drug Delivery Reviews 2005, 57, 247-265.

[72] M.L. Fishman, D.R. Coffin, J.J. Unruh, T. Ly. Pectina, amido, filmes de glicerol: misturas ou compósitos. Journal of Macromolecular Science Pure 1996, 33, 639-654.

[73] E. A. Gunter, O.V. Popeyko. Pérolas de gel de pectinato de cálcio obtidas a partir de pectinas de cultura de calo como sistemas promissores para a entrega de medicamentos direcionados ao cólon. Polímeros de carboidratos 2016, 147, 490-499.

[74] P. Sriamornsak, R.A. Kennedy. Estudos de inchamento e difusão de géis de polissacáridos de cálcio destinados ao revestimento de películas. International Journal of Pharmaceutics 2008, 358, 205-213.

[75] P. Sriamornsak, R.A. Kennedy. Efeito de uma pequena molécula nas propriedades de difusão e inchaço de esferas de gel de polissacarídeo selecionadas. Carbohydrate Polymers 2010, 79, 219-223.

[76] P. Sriamornsak, J. Nunthanid. Pérolas de gel de pectinato de cálcio para libertação controlada de fármacos: i. Preparação e estudos de libertação in vitro. International Journal of Pharmaceutics 1998, 160, 207-212.

[77] S.K. Lai, Y. Wang, J. Hanes. Nanopartículas penetrantes de muco para entrega de fármacos e genes a tecidos mucosos. Advanced Drug Delivery Reviews 2009, 61, 158-171.

[78] A. Abruzzo, F. Bigucci, T. Cerchiara, F. Cruciani, B. Vitali, B. Luppi. Filmes de quitosana/gelatina mucoadesivos para administração bucal de cloridrato de propranolol. Polímeros de Carboidratos 2012, 87, 581-588.

[79] N. Thirawong, R.A. Kennedy, P.Sriamornsak. Estudo viscosimétrico da interacçãopectina-mucina e da sua força de ligação mucoadesiva. CarbohydratePolymers 2008, 71(2), 170-179.

[80] N. Thirawong, J. Nunthanid, S. Puttipipatkhachorn, P. Sriamornsak. Propriedades mucoadesivas de várias pectinas na mucosa gastrointestinal: uma avaliação in vitro utilizando um analisador de textura. European Journal

of Pharmaceuticsand Biopharmaceutics 2007, 67(1), 132-140.

[81] J.C.O. Villanova, E. Ayres, R.L. Orefice. Conceção, caraterização e avaliação preliminar in vitro de um polímero mucoadesivo baseado em pectina modificada e monómeros acrílicos com potencial utilização como excipiente farmacêutico. Carbohydrate Polymers 2015, 121, 372-381.

[82] F.M. Carbinatto, A.D. Castro, B.S.F. Cury, A. Magalhaes, R.C. Evangelista. Propriedades físicas de misturas de pectina-amido de alta amilose reticuladas com trimetafosfato de sódio. International Journal of Pharmaceutics 2012, 423, 281-288.

[83] J. Maior, A.V. Reis, E.C. Muniz, A.O. Cavalcanti. Reação de pectil e metacrilato de glicidila e posterior formação de filmes livres por reticulação. International Journal of Pharmaceutics 2008, 355, 184-194.

[84] N. Mennini, S. Furlanetto, M. Cirri, P. Mura. Abordagem de qualidade por projeto para o desenvolvimento de microesferas de quitosano-Ca-alginato para administração no cólon do complexo celecoxib-hidroxipropil-p-ciclodextrina-PVP. Jornal Europeu de Farmácia e Biofarmácia 2012, 80, 67-75.

[85] A. B. Meneguin, B.S. F. Cury, R. C. Evangelista. Filmes a partir de dispersões de amido resistente-pectina para entrega de fármacos no cólon. Polímeros de Carboidratos 2014, 99, 140- 149.

[86] D. Oakenfull. Physicochemical properties of dietary fibre, an overview (Propriedades físico-químicas da fibra alimentar, uma visão geral). In, Cho SS, Dreher ML, Eds. Handbook of dietary fiber. Marcel Dekker, Inc. Nova Iorque, 2001, pp. 195-206.

[87] B. Singh, R. Bala. Conceção de hidrogéis à base de psyllium e monómeros binários reticulados por radiação para utilização na administração de medicamentos no cólon. Revista Internacional de Materiais Poliméricos 2013, 62, 68-75.

[88] B. Singh, R. Bala. Hidrogéis à base de polissacarídeos como sistema de entrega controlada de medicamentos para o cancro do TGI. Revista

Internacional de Macromoléculas Biológicas2014, 65, 524-33.

[89] B. Singh, V. Sharma, S. Kumar. Síntese de hidrogéis inteligentes por polimerização por radiação para utilização como dispositivos de administração lenta de fármacos. Jornal Canadiano de Engenharia Química 2011, 89, 1596-1605.

[90] B. Singh, N. Sharma, V. Sharma. Libertação lenta de ciprofloxacina a partir de um sistema de libertação de fármacos com duplo potencial. Journal of Material Science 2011, 46, 2587-99.

[91] B. Singh, N. Chauhan. Hidrogéis à base de fibra alimentar psyllium para utilização na administração de insulina. Jornal Internacional de Diabetes Mellitus 2010, 2, 32-7.

[92] B. Singh, N. Chauhan. Modificação de polissacáridos de psílio para utilização na administração oral de insulina. Food Hydrocolloids 2009, 23, 928-35.

[93] B. Singh, N. Chauhan, S. Kumar, R. Bala. Dispositivos novos baseados em psílio e copolímeros de 2-hidroxiletilmetacrilato e acrilamida para utilização na administração de medicamentos antibióticos específicos do cólon. Jornal Internacional de Farmácia 2008, 352, 74-80.

[94] B. Singh, N. Sharma, N. Chauhan. Síntese, caraterização e estudos de inchaço de hidrogéis à base de psyllium e metacrilamida sensíveis ao pH para utilização na administração de medicamentos específicos do cólon. Carbohydrate Polymers 2007, 69, 631-43.

[95] B. Singh, G.S. Chauhan, S. Kumar, N. Chauhan. Síntese, caraterização e respostas de inchaço de hidrogéis à base de psyllium e poliacrilamida sensíveis ao pH para utilização na administração de medicamentos (I). Carbohydrate Polymers 2007, 67, 190-200.

[96] B. Singh, G.S. Chauhan, D.K. Sharma, N. Chauhan. Dinâmica de libertação de ácido salicílico e cloridrato de tetraciclina a partir de hidrogéis à base de psyllium e poliacrilamida (II). Carbohydrate Polymers 2007, 67, 559-65.

[97] B. Singh, N. Chauhan, S. Kumar. Hidrogéis à base de psyllium e ácido poliacrílico reticulados por radiação para utilização na administração de medicamentos específicos do cólon. Carbohydrate Polymers 2008, 73, 446-55.

[98] B. Singh, R. Bala, N. Chauhan. Dinâmica de libertação in vitro de fármacos modelo a partir de hidrogéis à base de psyllium e ácido acrílico para utilização na administração de fármacos específicos do cólon. Journal of Material Science Mater Med 2008, 19, 2771-80.

[99] B. Singh, V. Sharma, A. Kumar, S. Kumar. Polimerização reticulada por radiação de metacrilamida e psyllium para desenvolver um dispositivo de administração de medicamentos antibióticos. International Journal of Biological Macromolecules2009, 45, 338-47.

[100] M. Saeedi, K. Morteza-Semnani, F. Ansoroudi, S. Fallah, G. Amin. Avaliação das propriedades de ligação da mucilagem de sementes de Plantago psyllium. Ata Pharmaceutica 2010, 60, 339-48.

[101] S.B. Shirsand, S. Suresh, M.S. Para, P.V. Swamy, D.N. Kumar. A mucilagem de Plantago ovata na conceção de comprimidos de desintegração rápida. Jornal Indiano de Ciências Farmacêuticas 2009, 71, 41-5.

[102] R. Deveswaran, S. Furtado, S. Bharath, S. Abraham, B.V. Basavaraj, V. Madhavan. Avaliação das propriedades desintegrantes da mucilagem de Plantago ovata em comparação com outros superdesintegrantes. Arquivos de Investigação em Ciências Farmacêuticas 2010, 2, 230-5.

[103] M.A. Tahir, K. Awadhesh, S. Swati, S. Sant, M.A. Farheen. Otimização de comprimidos de desintegração rápida para diclofenac de sódio utilizando mucilagem de isabgol como super desintegrante. Jornal Internacional de Ciências Farmacêuticas 2010, 2, 496-501.

[104] M.D. Chavanpatil, P. Jain, S. Chaudhari, R. Shear, P.R. Vavia. Desenvolvimento de um sistema gastroretentivo de libertação sustentada de ofloxacina, avaliação in vitro e in vivo. International Journal of Pharmaceutics 2005, 304, 178-84.

[105] M.D. Chavanpatil, P. Jain, S. Chaudhari, R. Shear, P.R. Vavia. Novo sistema de libertação sustentada, expansível e bioadesivo de libertação de fármacos gastroretentivos para ofloxacina. International Journal of Pharmaceutics 2006, 316, 8692.

[106] M.C. Gohel, A.F. Amin, M.T. Chhabaria, M.K. Panchal, A.N. Lalwani. Modulação da taxa de libertação de diltiazem-HCl a partir de matrizes de hidrogel de ispaghula tratadas com ácido succínico. Pharmaceutical Development and Technologies 2000, 5, 375-81.

[107] M.C. Gohel, M.M. Patel, A.F. Amin. Desenvolvimento de comprimidos de diltiazem HCl de libertação modificada utilizando o índice composto para identificar a formulação óptima. Drug Development and Industrial Pharmacy 2003, 29, 565-74.

[108] S.L. Deore, S.S. Khadabadi. Normalização e avaliação farmacêutica da mucilagem de Chlorophytum borivilianum. Rasayan Journal of Chemistry 2008, 1, 887-92.

[109] M. George, T.E. AbrahamE. Hidrogel de goma de alginato-guar sensível ao pH para a administração controlada de fármacos proteicos. Revista Internacional de Farmácia 2007, 335, 123-9.

[110] M.A. Abd El-Ghaffar, M.S. Hashem, M.K. El-Awady, A.M. Rabie. Hidrogéis de alginato de sódio sensíveis ao pH para libertação controlada de riboflavina. Carbohydrate Polymers 2012, 89, 667-75.

[111] P. Matricardi, M. Pontoriero, T. Coviello, M.A. Casadei, F. Alhaique. Novos hidrogéis IPN de alginato-dextrano metacrilato in situ reticuláveis para aplicações biomédicas, caraterização mecânica e propriedades de administração de medicamentos. Biomacromolecules 2008, 9, 2014-20.

[112] R.A.H. Ishak, G.A.S. Awad, N.D. Mortada, S.A.K. Nour. Preparação, avaliação in vitro e in vivo de pérolas de alginato carregadas com metronidazol específicas do estômago como terapia local anti-Helicobacter pylori. Journal of Controlled Release 2007, 119, 207-14.

[113] E.F.S. Vieira, A.R. Cestari, C. Airoldi, W. Loh. Hidrogéis à base de

polissacarídeos, preparação, caraterização e comportamento de interação com fármacos. Biomacromolecules 2008, 9, 1195-99.

[114] B. Balakrishnan, A. Jayakrishnan. Biopolímeros de ligação autocruzada como andaimes biodegradáveis de formação in situ injectáveis. Biomaterials 2005, 26, 3941-51.

[115] G. Strauss, F. Kral. Complexos de borato de anfotericina B, espécies poliméricas e agregados em soluções aquosas. Biopolímeros 1982, 21, 459-70.

[116] P.K. Dhal, S.C. Polomoscanik, L.Z. Avila, S.R. Holmes-Farley, R.J. Miller. Functional polymers as therapeutic agents, Concept to market place (Polímeros funcionais como agentes terapêuticos, do conceito ao mercado). Advanced Drug Delivery Reviews 2009, 61, 1121-30.

[117] X. Cai, L. Yang, L.M. Zhang, Q. Wu. Avaliação da amilose utilizada como veículo de entrega de medicamentos. Carbohydrate Research 2010, 345, 922-8.

[118] X. Cai, L. Yang, L.M. Zhang, Q. Wu. Síntese e biodegradação anaeróbia de éteres de celulose conjugados com indometacina para administração de medicamentos no cólon. Bioresource Technology 2009, 100, 4164-70.

[119] M. Mehrdad, Novel pH-sensitive hydrogels for colon-specific drug delivery. Drug Delivery 2010, 17, 158-63.

[120] M. Larrosa, J. Tomé-Carneiro, M.J. Yanez-Gascon, D. Alcantara, M.V. Selma, D. Beltran, M.T. Garcia-Conesa, C. Urban, R. Lucas, F. Tomas-Barberan, J.C. Morales, J.C. Espin. O tratamento oral preventivo com pró-fármacos de resveratrol reduz drasticamente a inflamação do cólon em roedores. Jornal de Química Medicinal 2010, 53, 7365-76.

[121] D.R. Friend, G.W. Chang. A colon-specific drug-delivery system based on drug glycosides and the glycosidases of colonic bacteria. Journal of Medicinal Chemistry 1984, 27, 261-6.

[122] M.J. Martin, A. C. Calpena, F. Fernandez, M. Mallandrich,P. Galvez, B.

Clares. Desenvolvimento de microesferas de alginato como transportadores de nistatina para administração de medicamentos na mucosa oral. Polímeros de carboidratos 2015, 117, 140-149.

[123] H.C. Chiu, A.T. Wu, Y.F. Lin. Síntese e caraterização de hidrogéis de dextrano contendo ácido acrílico. Polymer 2001, 42, 1471-9.

[124] A. Guner, O. Akman, Z.M.O. Rzaev. Crosslinking of dextran with some selective Cl-, P- and N-containing functional substances in aqueous solutions. Reactive and Functional Polymers 2001, 47, 55-65.

[125] A.K. Dogan, M. Gumusderelioglu, E. Aksoz. Libertação controlada de EGF e bFGF a partir de hidrogéis de dextrano in vitro e in vivo. Journal of Biomedical Material Research B Applied Biomaterials 2005, 74B, 504-10.

[126] L. Hovgaard, H. BrOndsted. Dextran hydrogels for colon-specific drugdelivery. Journal of Controlled Release 1995, 36, 159-66.

[127] V.R. Sinha, R. Kumria. Entrega de medicamentos no cólon, abordagem de pró-fármacos. Pharmaceutical Research 2001, 18, 557-64.

[128] H.C. Chiu, Y.F. Lin, Y.H. Hsu. Efeitos do ácido acrílico na preparação e nas propriedades de inchaço de hidrogéis de dextrano sensíveis ao pH. Biomaterials 2002, 23, 1103-12.

[129] A. El-Hag Ali, A. Al Arifi. Caracterização e avaliação in vitro de hidrogéis à base de amido como transportadores para sistemas de administração de fármacos específicos do cólon. Carbohydrate Polymers 2009, 78, 725-30.

[130] F. Freire, Podczeck, D. Ferreira, F. Veiga, J. Sousa, A. Pena. Avaliação da libertação in vivo de fármacos a partir de pellets revestidos por película com uma dispersão de amido com elevado teor de amilase e etilcelulose para potencial administração no cólon. Jornal de Farmácia e Farmacologia 2010, 62, 55-61.

[131] X. Wang, H. Chen, Z. Luo, X. Fu. Preparação de nano-partículas de amido em água no sistema de microemulsão de óleo e suas propriedades de entrega de medicamentos. Polímeros de hidratos de carbono 2016, 138, 192-200.

[132] Y.Y. Fang, L.J. Wang, D. Li, B.Z. Li, B. Bhandari, X.D. Chen, Z-h. Mao. Preparação de microesferas de amido reticulado e suas propriedades de carga e libertação de fármacos. Carbohydrate Polymers 2008, 74, 379-384.

[133] R .C. Mundargi, N.B. Shelke, A.P. Rokhade, S.A. Patil, T.M. Aminabhavi. Formulação e avaliação in vitro de novas microesferas comprimidas à base de amido para libertação controlada de ampicilina. Carbohydrate Polymers 2008, 71, 42-53.

[134] B.Z. Li, L.J. Wang, D. Li, B. Adhikari, Z.H. Mao. Preparação e caraterização de microesferas de amido reticulado utilizando um método de emulsão de água em água de dois passos. Polímeros de hidratos de carbono 2012, 88, 912-916.

[135] N. Sivapragasam, P. Thavarajah, J.B. Ohm, K. Margaret, D. Thavarajahd. Novos revestimentos entéricos em nanoescala baseados em amido de farinha de soja para entrega específica do cólon. Polímeros de Carboidratos 2014, 111, 273-279.

[136] X.F. Sun, H. Wang, Z. Jing, R. Mohanathas. Hidrogel biodegradável e sensível ao pH à base de hemicelulose para administração controlada de medicamentos. Polímeros de carboidratos 2013, 92, 1357-66.

[137] A.V. Reis, M.R. Guilherme, O.A. Cavalcanti, A.F. Rubira, E.C. Muniz. Síntese e caraterização de hidrogéis sensíveis ao pH baseados em polissacarídeos de goma arábica quimicamente modificados. Polymer 2006, 47, 2023-9.

[138] H.M. Nizam El-Din, M.R. Khafaga, A.W.M. El-Naggar. Propriedades físico-químicas e de libertação de fármacos de hidrogéis nanocompósitos de Poli (Álcool Vinílico)/Goma Arábica/TiO2 formados por radiação gama. Jornal de Ciência Macromolecular, Parte A: Química Pura e Aplicada 2015, 52, 821-829.

[139] J-M. Lehn. Supramolecular chemistry, VCH Publisher, New York 1995.

[140] C. Wang, R.J. Stewart, J. Kopecek. Hybrid hydrogels assembled from synthetic polymers and coiled-coil protein domains (Hidrogéis híbridos

montados a partir de polímeros sintéticos e domínios de proteínas em espiral). Nature 1999, 397, 417420.

[141] R. Hernandez, H.R. Tseng, J.W. Wong, J.F. Stoddart, J.I. Zink. Uma nanoválvula supramolecular operacional. Jornal da Sociedade Americana de Química 2004, 126, 3370-3371.

[142] J. Li, X. Ni, K.W. Leong. Sistemas de administração de medicamentos injectáveis baseados em hidrogéis supramoleculares formados por poli(óxido de etileno) e a-ciclodextrina. Journal of Biomedical Material Research A 2003, 65A, 196-202.

[143] J. Li, X. Li, X. Ni, X. Wang, H. Li, K.W. Leong. Hidrogéis supramoleculares auto-montados formados por copolímeros biodegradáveis PEO-PHB-PEO tribloco e a-ciclodextrina para administração controlada de medicamentos. Biomaterials 2006, 27, 4132-4140.

[144] T. Loftsson, M. Masson. The effects of water-soluble polymers on cyclodextrins and the solubilisation of drugs by cyclodextrins. S.T.P. Pharma Sciences 2004, 14(1), 35-43.

[145] J. Szejtli. Introdução e visão geral da química das ciclodextrinas. Chemical Review, 1998, 98(5), 1743-1753.

[146] L.C. Cesteros, C. Ramirez, A. Pecina, I. Katime. Géis de poli(etilenoglicol-betaciclodextrina), Síntese e propriedades. Journal of Applied Polymer Science 2006, 102(2), 1162-1166.

[147] L.C. Cesteros, C. Ramirez, A. Pecina, I. Katime. Síntese e propriedades de redes hidrofílicas baseadas em poli(etilenoglicol) e betaciclodextrina. Química e Física Macromolecular, 2007, 208(16), 17641772.

[148] D. Kanjickal, S. Lopina, M.M. Evancho-Chapman, S. Schmidt, D. Donovan. Melhoria da entrega de fármacos hidrofóbicos a partir de hidrogéis através de ciclodextrinas. Journal of Biomedical Materials Research Part , 2005, 74, 454-460.

[149] C. Rodriguez-Tenreiro, C. Alvarez-Lorenzo, A. Rodriguez-Perez, A.

Concheiro, J.J. Torres-Labandeira. Novos hidrogéis de ciclodextrina reticulados com éteres diglicídicos com uma elevada carga de fármaco e capacidade de libertação controlada. Pharmaceutical Research 2006, 23, 121-130.

[150] N. Pariot, F. Edwards-Levy, M.C. Andry, M.C. Levy. Microcápsulas de p-ciclodextrina reticuladas. II. Efeito retardador na libertação de fármacos através de membranas semipermeáveis. International Journal of Pharmaceutics, 2002, 232, 175-181.

[151] U. Siemoneit, C. Schmitt, C. Alvarez-Lorenzo, A. Luzardo, F. Otero-Espinar, A. Concheiro, J. Blanco-Mendez. Hidrogéis de acrílico/ciclodextrina com maior carga de fármaco e capacidade de libertação sustentada. International Journal of Pharmaceutics 2006, 312, 66-74.

[152] M. Loftsson, E. Brewster. Pharmaceutical application of cylodextrin. 1. Drug solubilization and stabilization. Journal of Pharmaceutical Sciences 1996, 85, 1017-25.

[153] R.A. Ajewski, V.J. Stella. Aplicações farmacêuticas da cilodextrina. 2. In vivo. Jornal de Ciências Farmacêuticas. 1996, 85, 1142
1167.

[154] T. Irie, K. Uekama. Aplicações farmacêuticas da cilodextrina. III. Questões toxicológicas e avaliação da segurança. Journal of Pharmaceutical Sciences 1997, 86, 147-62.

[155] V.J. Stella, R.A. Rajewski. Cyclodextrin, their future in drug formulation and delivery. Pharmaceutical Research 1997, 14, 556-567.

[156] Li, J. Hidrogéis supramoleculares auto-montados baseados em complexos de inclusão de polímero-ciclodextrina para administração de medicamentos.Nature Publishing GroupAsia Mater 2010, 2, 112-118.

[157] G. Crini, C. Cosentino, S. Bertini, A. Naggi, G. Torri, C. Vecchi. Estudo de espetroscopia de RMN no estado sólido do movimento molecular em ciclomaltoheptaose - ciclodextrina) reticulado com epicloridrina. Carbohydrate Research 1998, 308, 37-45.

[158] P. Ritger, N.A. Peppas. Equação simples para a descrição da libertação de soluto. II. Libertação fictícia e anómala de dispositivos expansíveis. Journal of Controlled Release 1987, 5, 37-42.

[159] M.E. Davis. A primeira entrega direcionada de siRNA a seres humanos através de uma nanopartícula auto-montada à base de polímero de ciclodextrina, do conceito à clínica. Molecular Pharmaceutics 2009, 6, 659-68.

[160] K. Uekama. Conceção e avaliação de medicamentos à base de ciclodextrina
formulação. Boletim Químico e Farmacêutico 2004, 52, 900-915.

[161] Y.Y. Liu, X.D. Fan, H. Hu, Z.H. Tang. Libertação de clorambucil a partir de hidrogéis de poli(N-isopropilacrilamida) com porções de p-ciclodextrina. Macromolecular Bioscience, 2004, 4, 729-736.

[162] Y.Y. Liu, X.D. Fan. Síntese, propriedades e comportamentos de libertação controlada de redes de hidrogel utilizando ciclodextrina como grupos pendentes. Biomaterials 2005, 26, 6367-6374.

[163] C. Alvarez-Lorenzo, M.D. Moya-Ortega, T. Loftsson, A. Concheiro, J.J. Torres-Labandeira. In, Cyclodextrin-based hydrogels. Bilensoy, E. (Ed.), Cyclodextrins in pharmaceutics, cosmetics and biomedicine. New Jersey, John Willey & Sons, Inc. 2011, 297-321.

[164] R. Machin, J.R. Isasi, I. Velaz. p-Cyclodextrin hydrogels as potential drug delivery systems. Carbohydrate Polymers, 2012, 87, 2024-2030.

[165] T. Shan, J. Chen, L. Yang, S. Jie, Q. Qian. Preparação e caraterização por radiação de hidrogel sensível ao pH de copolímero à base de ácido acrílico/ciclodextrina. Journal of Radioanalytical and Nuclear Chemistry 2009, 279, 1, 75-82.

[166] M.J. Kutyta, M.W. Boehm, J.R. Stokes, P.N. Shaw, N.M. Davies, R.P. McGeary, J. Tuke, B.P. Ross. Poli (ácido acrílico) reticulado com ciclodextrina, adesão e libertação controlada de Diflunisal e Fluconazol a partir de formas de dosagem sólidas. Associação Americana de Cientistas Farmacêuticos 2013, 14, 1.

[167] S. Das, U. Subuddhi. hidrogéis de goma guar responsivos ao pH para entrega controlada de dexametasona ao intestino. Revista internacional de macromoléculas biológicas 2015, 79, 856-863.

[168] A. Ribeiro, F. Veiga, D. Santos, J.J. Torres-Labandeira, A. Concheiro, C. Alvarez-Lorenzo. Hidrogéis acrílicos hidrofílicos com ciclodextrinas incorporadas ou pendentes para administração de fármacos anti-glaucoma. Carbohydrate Polymers 2012, 88, 977- 985.

[169] H. Kono, T. Teshirogi. Hidrogéis de quitosano enxertados com ciclodextrina para administração controlada de medicamentos. Revista internacional de macromoléculas biológicas 2015, 72, 299-308.

[170] M. Weickenmeier, G. Wenz J. Huff. Espessante de associação por interação hospedeiro-hóspede de um polímero de p-ciclodextrina e um polímero com grupos laterais hidrofóbicos. Macromolecular Rapid Communications 1997, 18, 1117-1123.

[171] G. Crini. Estudos sobre a adsorção de corantes no polímero p-ciclodextrina. Bioresource Technology 2003, 90, 193-198.

[172] G. Volet, C. Amiel, sistema de montagem supramolecular sensível ao pH entre um novo terpolímero linear de p-ciclodextrina solúvel em água e um poli(óxido de etileno) anfifílico. Eurpean polymer journal 2009, 45, 852-862.

[173] J. Chen, L. Rong, H. Lin, R. Xiao, H. Wu. Síntese por radiação de hidrogéis sensíveis ao pH a partir de PEG enxertado com ciclodextrina e ácido acrílico para administração de medicamentos. Química e Física dos Materiais 2009, 116, 148-152.

[174] L. Zhang, J. Zhou, L. Zhang. Estrutura e propriedades dos hidrogéis de ciclodextrina/celulose preparados em solução aquosa de NaOH/ureia. Polímero de Carboidrato 2013, 94, 386-393.

[175] J.F.R. dos Santos, R. Couceiro, A. Concheiro, J.J. Torres-Labandeira, C. Alvarez-Lorenzo. Hidrogéis de poli(hidroxietilmetacrilato-co-metacrilato-p-ciclodextrina), Síntese, citocompatibilidade, propriedades mecânicas e propriedades de carga/libertação de fármacos. Ata Materialia 2008, 4, 745-

755.

[176] D. Gulsen, A. Chauhan. Ophthalmic drug delivery through contact lenses. Investigative ophthalmology & visual science 2004, 45, 2342-2347.

[177] J.T. Zhang, Y.N. Xue, F.Z. Gao, S.W. Huang, R.X. Zhuo. Preparação de hidrogéis de polietilenimina trabalhados com poli(N-isopropilacrilamida)/p-ciclodextrina sensíveis à temperatura para administração de medicamentos. Journal of Applied Polymer Science 2008, 108, 3031-3037.

[178] N. Kayaman-Apohan, E. Akyurek. Síntese e propriedades de libertação de fármacos de hidrogéis biodegradáveis contendo p-ciclodextrina. Polymer Bulletin 2013, 70, 2151-2167.

[179] C. Rodriguez-Tenreiro, L. Diez-Bueno, A. Concheiro, J.J. Torres-Labandeira, C. Alvarez-Lorenzo. Ciclodextrina/carbopol em microescala redes interpenetrantes (ms-IPNs) para administração de fármacos. Journal of Controlled Release 2007, 123(1), 56-66.

[180] L. Boulmedarat, G. Piel, A. Bochot, S. Lesieur, L. Delattre, E. Fattal. Libertação de fármacos mediada por ciclodextrina a partir de lipossomas dispersos num gel bioadesivo. Pharmaceutical Research 2005, 22(6), 962-971.

[181] H. Blanco-Fuente, B. Esteban-Fernandez, J. Blanco-Mendez, F.J. Otero-Espinar. Utilização de p-ciclodextrinas para evitar modificações das propriedades dos hidrogéis de carbopol devido a interações carbopol-fármaco. Boletim Químico e Farmacêutico. 2002, 50(1), 40-46.

[182] R.J. Glisoni, M.J. Garcia-Fernandez, M. Pinod, G. Gutkind, A.G. Moglioni, C. Alvarez-Lorenzo, A. Concheiro, A. Sosnik. Hidrogéis de ciclodextrina para entrega ocular de tiossemicarbazonas antibacterianas. Polímeros de Carboidratos 2013, 93, 449-457.

[183] K. Akiyoshi, S. Deguchi, H. Tajima, T. Nishikawa, J. Sunamoto. Estrutura microscópica e termoresponsividade de uma nanopartícula de hidrogel por auto-montagem de um polissacarídeo hidrofobizado, Macromolecules, 1997, 30, 857-861.

[184] S. Das, U. Subuddhi. Libertação controlada de naproxeno mediada por ciclodextrina a partir de hidrogéis de quitosano/poli(álcool vinílico) sensíveis ao pH para entrega direcionada ao cólon. Pesquisa em Química Industrial e de Engenharia 2013, 52, 14192-200.

[185] D.C. Bibby, N.M. Davies, I.G. Tucker. Mechanisms by which cyclodextrins modify drug release from polymeric drug delivery systems. International Journal of Pharmaceutics 2000, 197, 1-11.

[186] D. Kanjickal, S. Lopina, N.M. Evancho-Chapman, S. Schmidt, D. Donovan. Melhoria da entrega de fármacos hidrofóbicos a partir de hidrogéis através de ciclodextrinas. Journal of Biomedical Material Research A 2005, 74, 454-60.

[187] M.E. Brewster, T. Loftsson. Cyclodextrins as pharmaceutical solubilizers. Advanced Drug Delivery Reviews 2007, 59, 645-66.

[188] D. Ma, L.M. Zhang. Gelificação supramolecular de um fármaco polimérico para encapsulamento e libertação sustentada. Biomacromolecules 2011, 12, 312430.

[189] A.S. Hoffman. Hydrogels for biomedical applications (Hidrogéis para aplicações biomédicas). Advanced Drug Delivery Reviews 2002, 54(1), 3-12.

[190] T.R. Hoare, D.S. Kohane. Hydrogels in drug delivery, Progress and challenges (Hidrogéis na administração de medicamentos, progressos e desafios). Polymer 2008, 49, 1993-2007.

[191] J. Li, X.J. Loh. Cyclodextrin-based supramolecular architectures, Syntheses, structures, and applications for drug and gene delivery. Advanced Drug Delivery Reviews 2008, 60, 1000-17.

[192] T. Wang, X.J. Jiang, T. Lin, S. Ren, X.Y. Li, X.Z. Zhang, Q.Z. Tang. The inhibition of postinfarct ventricle remodeling without polycythaemia following local sustained intramyocardial delivery of erythropoietin within a supramolecular hydrogel. Biomaterials 2009, 30, 4161-7.

[193] D. Ma, K. Tu, L.M. Zhang. Hidrogel supramolecular bioativo com libertação dupla controlada de fármacos. Biomacromolecules 2010, 11, 2204-

12.

[194] J. Khandare, T. Minko. Polymer-drug conjugates, Progress in polymeric prodrugs. Progresso na ciência dos polímeros 2006, 31, 359-97.

[195] D.L. Wise. Handbook of pharmaceutical controlled release technology. Marcel Dekker, Nova Iorque, 2000.

1 96] X. Pang, Z. Lu, H.L. Du, X.Y. Yang, G.X. Zhai, Hyaluronic acid-quercetinconjugate micelles, Synthesis, characterization, in vitro and in vivoevaluation. Colóides e superfícies. B Biointerfaces 2014, 123, 778-786.

[197] J.H. Park, H.J. Cho, U. Termsarasab, J.Y. Lee, S.H. Ko, J.S. Shim, I.S. Yoon, D.D.Kim, nanopartículas interconectadas baseadas em derivados de ácido hialurônico para entrega de drogas anticâncer Colóides e Superfícies B Biointerfaces 2014, 121, 380-387.

[198] A. Mohandas, B.S. Anisha, K.P. Chennazhi, R. Jayakumar, Esponjas compósitas de nanopartículas de fibrina carregadas com ácido quitosanialurónico/VEGF para promover a angiogénese em feridas Colloids and Surfaces B Biointerfaces
2015, 127, 105-113.

[199] N. Goodarzi, R. Varshochian, G. Kamalinia, F. Atyabi, R. Dinarvand. Uma revisão dos conjugados de medicamentos citotóxicos de polissacarídeos para a terapia do cancro. Polímeros de Carboidratos 2013, 92, 1280.

[200] S. Bian, M. He, J. Sui, H. Cai, Y. Sun, J. Liang, Y. Fan, X. Zhang. Os hidrogéis de ácido hialurónico inteligentes de auto-reticulação como andaimes tridimensionais injectáveis para cultura de células. Colloids and Surfaces B, Biointerfaces
2016, 140, 392-402.

[201] P.C. Srinivasa, M.N. Ramesh, R.N. Tharanathan. Efeito dos plastificantes e dos ácidos gordos nas caraterísticas mecânicas e de permeabilidade das películas de quitosano. Food Hydrocolloids 2007, 21, 1113-1122.

[202] N.M. Alves, J.F. Mano. Derivados de quitosana obtidos por

modificações químicas para aplicações biomédicas e ambientais. International Journal of Biological Macromolecules 2008, 43, 401-414.

[203] K. Kurita, S. Ishii, K. Tomita, S.I. Nishimura, K. Shimoda. Reactivity characteristics of squid p-chitn as compared with those of shrimp chitin, High potentials of squid chitin as a starting material for easy chemical modifications. Journal of Polymer Science Part A, Polymer Chemistry 1994, 32(6), 1027-1032.

[204] N. Kubota, Y. Eguchi. Preparação fácil de quitosano N-acetilado solúvel em água e dependência do peso molecular da sua solubilidade em água. Polymer Journal 1997, 29(2), 123-127.

[205] N. Saied, M. Aider. Análises de potencial zeta e turbidimetria para a avaliação da formação do complexo quitosana/ácido fítico. Journal of Food Research 2014, 3(2), 71-81.

[206] D.N. Hon, S. Dumitriu. Polysaccharides in Medicinal Applications. Marcel Dekker, Nova Iorque, 1996, 631-649.

[207] K.C. Gupta, M.N.V.R. Kumar. An overview on chitin and chitosan applications with an emphasis on controlled drug release formulations. Journal of Materials Science-Reviews in Macromolecular Chemistry and Physics 2000, C40(4), 273-308.

[208] R.N. Tharanathan, F.S. Kittur. Chitin- the undisputed biomolecule of great potential. Critical Reviews in Food Science and Nutrition 2003, 43(1), 61-87.

[209] S. Mao, W. Sun, T. Kissel. Formulações à base de quitosana para entrega de DNA e siRNA. Advanced Drug Delivery Reviews 2010, 62, 12-27.

[210] P.K. Dutta, J. Dutta, V.S. Tripathi. Chitin and chitosan, Chemistry, properties and applications. Journal of Scientific & Industrial Research 2004, 63, 20-31.

[211] L.L. Lloyd, J.F. Kennedy, P. Methacanon, M. Paterson, C.J. Knill. Carbohydrate polymers as wound management aids (Polímeros de hidratos de carbono como auxiliares no tratamento de feridas). Carbohydrate

Polymers 1998, 37(3), 315-322.
[212] M.V. Pogorielov, V.Z. Sikora. Quitosano como novo agente hemostático, estado atual. Jornal Europeu de Medicina 2015, 2(1), 24-33.
[213] C. Alemdaroglu, Z. Degim, N. Celebi, F. Zor, S. Ozturk, D. Erdogan. Uma investigação da cicatrização de feridas de queimaduras em ratos com formulação de gel de quitosana contendo fator de crescimento epidérmico. Burns 2006, 32, 319-327.
[214] P. Treenate, P. Monvisade, M. Yamaguchi. Desenvolvimento de filmes de hidrogel de hidroxietilacril/alginato para aplicação biomédica. Journal of Polymer Research 2014, 601(21), 1-12.
[215] B. Sibaja, E. Culbertson, P. Marshall, R. Boy, R.M. Broughton, A.A. Solano, M. Esquivel, J. Parker, L.D.L. Fuente, M.L. Auad. Preparação de fibras de alginato-quitosana com potenciais aplicações biomédicas. Carbohydrate Polymers 2015, 134, 598-608.
[216] G.P. Teresa, N.R. Charyulu, N.M. Harish, B. Vishalakshi. Conceção e avaliação in vitro de comprimidos complexos de pentoxifilina-polielectrólito. Jornal de Entrega de Medicamentos e Terapêutica 2013, 3(5), 85-90.
[217] J. Singh, P.K. Dutta, A.J. Hunt, D.J. Macquarrie, J.H. Clark. Preparação e propriedades de um aerogel derivado de ácido quitosano-L-glutâmico altamente solúvel. Carbohydrate Polymers 2009, 76, 188-195.
[218] J.H. Sung, M.R. Hwang, J.O. Kim, J.H. Lee, Y.I. Kim, J.H. Kim, S.W. Chang, S.G. Jin, J.A. Kim, W.S. Lyoo, S.S. Han, S.K. Ku, C.S. Yong, H.G. Choi. Caracterização do gel e avaliação in vivo do penso para feridas carregado com minociclina com cicatrização de feridas melhorada utilizando álcool polivinílico e quitosano. Jornal Internacional de Farmácia 2010, 392, 232-240.
[219] M.H. Casimiro, M.H. Gil, J.P. Leal. Ensaios de libertação de fármacos a partir de novas membranas de quitosano/pHEMA obtidas por irradiação gama. Nuclear Instruments and Methods in Physics Research B 2007, 265, 406-409.

[220] T. Sun, P. Xu, Q. Liu, J. Xue, W. Xie. Copolimerização de enxerto de ácido metacrílico em carboximetilquitosano. European Polymer Journal 2003, 39, 189-192.

[221] D. Zhang, W. Zhou, B. Wei, X. Wang, R. Tang, J. Nie, J. Wang. Filmes de hidrogel de quitosana reticulados à base de poli (álcool vinílico) modificados com carbonila para potencial curativo de feridas. Carbohydrate Polymers 2015, 125, 189-199.

[222] M.R. Hwang, J.O. Kim, J.H. Lee, Y.I. Kim, J.H. Kim, S.W. Chang, S.G. Jin, J.A. Kim, W.S. Lyoo, S.S. Han, S.K. Ku, C.S. Yong, H.G. Choi. Curativo para feridas carregado de gentamicina com hidrogel de álcool polivinílico/dextrano, caraterização do gel e avaliação da cicatrização in vivo. AAPS PharmaSciTech 2010, 2(3), 1092-1103.

[223] R. Jayakumar, M. Prabaharan, P.T.S. Kumar, S.V. Nair, H. Tamura. Biomateriais à base de quitina e quitosana em aplicações de curativos para feridas. Biotechnology Advances 2011, 29(3), 322-337.

MIX
Papier aus verantwortungsvollen Quellen
Paper from responsible sources
FSC® C105338

Printed by Books on Demand GmbH, Norderstedt / Germany